外来生物のきもち

大島健夫 著

はじめまして。カミツキガメでございます。

もくじ

外来種と外来生物

「外来種」とは、人為的に自然分布していない地域に持ち込まれた、元々はその地域に生息していなかった生物種。このうち野外に定着したものを「帰化種」という。「外来生物」とは、外来生物法で定められた「海外から我が国に導入されることによりその本来の生息地または生息地の外に存することとなる生物」。

カミツキガメ

Chelydra serpentine

カメ目カミツキガメ科
原産地：北アメリカ
背甲長：最大 50cm
体重：最大 35kg

1960年代頃からペットとして輸入されるようになった。大型で力が強く、寿命も長いので野外に放逐されるようになり、90年代頃から各地で目撃例が増えていき、2005年には特定外来生物に指定された。とりわけ千葉県の印旛沼流域では広範囲にわたって多数の個体が定着・繁殖しており、千葉県による防除実施計画のもと、捕獲事業が行われている。カミツキガメにはカナダから中南米にかけて4つの亜種がいるが、日本に定着しているものの多くはホクベイカミツキガメだと考えられている。

カミツキガメ

はじめまして。私は千葉県は印旛沼近くの田んぼの水路に住んでおりますカミツキガメでございます。生まれたのはアメリカですが、物心つく前に捕まえられ、売られて日本にやってきました。ですから故郷の記憶はありません。一番古い記憶は、何やらケースに入れられてお店に並べられていたことです。お店の隣が電気屋さんで、そこのテレビで東京オリンピックというものを放送していたのをぼんやり覚えています。

誰かが私を買っていきました。水槽の中で飼われました。最初は良かったのですが、何年か経つとあまり水も換えてもらえなくなりました。水槽もだんだん狭くなってきて、足を伸ばすこともできなくなりました。大きくなり過ぎたと言われました。顔が怖いとも言われました。最初はかわいいと言っていたのに。辛い毎日でした。

そのうち、車で運ばれて川に捨てられました。印旛沼にそそぐ川でした。道すがら、カーラジオで、ビートルズの来日公演というニュースをやっていたのを覚えています。

川から田んぼの水路に上っていって、そこで暮らすようになりました。食べるものも

たくさんあって快適でしたが、しばらくは寂しかったです。けれども10年も経つと、仲間のカミツキガメがぽつぽつ現れるようになりました。みんな私と同じように、売られ、買われて捨てられたカメでした。

仲間たちはどんどん増えていきました。恋もしました。何度もしました。たくさん卵を産みました。おなかいっぱい食べて、泥の中で眠りました。やっと安楽に暮らせるようになったのです。けれど、そんな日々も長くは続きませんでした。私たちは、いてはならない外来種だと言われるようになったのです。私たちは雑食性でたくさん食べるので、もとからいる他の生き物に影響を与えて生態系のバランスを崩すと。大きくて噛む力が強いので人に噛みついた場合にとても危険だと。田んぼの畔に穴を掘ったり、漁師さんの漁網を壊して被害を与えると。

そして、駆除されるようになったのです。仲間たちは次々と捕まえられ、どこかへ連れていかれました。聞くところによると、冷凍庫に入れられて安楽死させられたという話です。

外来種って何でしょう。私たちはなぜ、故郷を離れてこの国で暮らすようになったのでしょう。最初に私たちをこの国に連れてきたのは人間なのに、なぜ、憎まれることになったのでしょう。私はこのあたりのカメの中で一番長く生きていますので、みんな私に聞きに来ます。けれども、私もはっきりした答えを知りません。

だから私は、旅に出ることにしました。この国のあちこちを歩き回って、実際に色々な『外来種』のいきものたちに会うのです。会って、話を聞いてみることにしたのです。そうすれば、何かを知ることができるかもしれません。これまで、人間にあちこち動かされてまいりましたが、自分で旅をしたことはありませんでした。そして、私ももう歳ですので、これが私の最初で最後の旅になると思います。

それでは、行ってきます。

カミツキガメ

アライグマ

Procyon lotor

食肉目アライグマ科
頭胴長：40 ~ 60cm

原産地：北アメリカ
体重：3 ~ 8kg

1970 年代、テレビアニメ「あらいぐまラスカル」が人気となり、当時のペットブームもあいまって多数の個体が輸入された。しかし成長すると気が荒くなり、行動も立体的で激しくなるため、飼いきれずに野外に放されるケースが多く、やがて全国に拡散した。動物から植物まで何でも食べる雑食性でかつ繁殖力も強く、さまざまな環境に適応する能力があるため各地で増加し、希少な在来生物への食害による生態系への悪影響、農作物への甚大な被害などから特定外来生物に指定されている。

——あらためて間近でお会いすると、失礼ですがちょっと怖いのですが・・・なんでも、カメを好んで召し上がるとか・・・

うん、カメうまいよ。両手で甲羅持ってね、手足とか頭とかかじるの。卵も掘り起こして食べちゃうの。

——・・・。

大丈夫大丈夫、あんたは大きいから食べないよ。主に食べるのは、クサガメとかイシガメとかね。

——特に希少なニホンイシガメを食べるということで、問題になるケースがあるようですが・・・

食べるよ。そこに食べられそうなカメがいればね。他にも、カエルとかイモリとかサンショウウオとかエビとかカニとか好き。

——それでアライグマさんの場合、在来生態系への被害ということが問題とされているのですね。

まあね。でも、そこにいれば食べるよ。俺たちだって、食って生きていかなきゃいけないからね。

——あなたも私と同じ特定外来生物に指定されていますよね。希少な動植物を食べてしまうということ以外に、人間にどんなことで恨まれていらっしゃるのですか？

まずは農業被害ね。俺ら雑食で手先も器用だから、畑の野菜とか果物とかどんどん食べちゃう。それから、俺ら街中でもけっこう住めるからね、人間の家の屋根裏とかに住みつくでしょ。そうすると音や声がなんちゃらとか糞尿がどうだとか、人間どもギャーギャーうっせえんだよ。もとはと言えば俺らはアメリカで平和に生きてたんだ。あんただってそうだろ？　こんな遠い国に連れてきといていまさら騒ぎやがって。

あなたが日本にいらした理由というと、そもそもテレビのアニメの『あらいぐまラスカル』が・・・

そう。あれだよ。あの、人間がアライグマの子供を拉致してきて育てて、最後、育てられなくなって山に捨てちゃう話。

あれが70年代に大ヒットしたので、この国でも大勢の人間がアライグマをペットとして飼うようになったものの、やはり最後は飼いきれなくなって、アニメのラストと同じように野外に放すことが多かったという・・・

俺らはさ、普通にしてるだけなんだよ、普通に！　それが、子供の頃はかわいいって言われて、大きくなってくると気が荒くなるとか物を壊すとか。それが俺らの習性じゃないかってんだよ。だいたい、「かわいい」ってなんだよ。そ

れがよくわかんねえよ。あんたも言われたろう？　子ガメの頃にはさ。

はい。覚えがあります。でも成長すると、噛みつく、怖い、と。

そこなんだよ。俺らはぬいぐるみじゃねえんだ。いつまでもずっと思い通りになると思ってたら大間違いなんだよ。命のあるいきものなんだよ。いつもおとなしく寝てるわけにはいかねえし、飼い主にスリスリして頭をなでてもらい続けてるわけにもいかねえんだよ。そういうふうにはできてねえんだよ。俺らは、あんたみたいなおっかねえ顔のカミツキガメにさえ怖がられるほどの、野生の捕食動物なんだよ、そもそもが。

正直に申し上げて、おっしゃることがよくわかります。

俺らがさ、日本に昔からいる希少ないきものを絶滅させる可能性がある、いてはならないっていうんなら、まあそれはその通りなんだろうよ。だから俺らに死ねっていうんなら、それもまあ理があるのかもしれねえ。けどな、一番問題なのは、よくわかりもしないのに、見かけだけで命のあるいきものを飼いたがるような、飼えなくなったからって簡単に外に放しに行くような人間の心と、そういう心につけ込んで飼えもしないものを売りつけたり、無責任にそれを煽って金を稼ごうとするような人間の心だと俺は思うぞ。そういう心が変わらなかったら、俺たちが死に絶えても、人間はまた同じことを繰り返すぞ。カメさん、俺はそう思うぜ。

シロツメクサ

Trifolium repens

マメ目マメ科　　**原産地：ヨーロッパ**
高さ：10 ~ 15cm

シャクジソウ属の多年草。クローバーの名で知られる。日本には、1840年代にオランダ船の運んできたガラス器の緩衝材として持ち込まれたのが最初とされる。明治時代以降、牧草、緑肥、緑化などの目的に積極的に用いられ、やがて野生化し、日本全国の草地や農耕地、道端などに拡がった。春から夏にかけて、花茎の先端に、数十個の小花が集まってできた白い球状の花をつける。葉は通常３枚であるが、時に４枚のものも出現する。ヨーロッパ原産だが、世界的にも、亜寒帯から温帯までの広範囲に拡散している。

シロツメクサさんってクローバーですよね。原産地はヨーロッパということですが、そうするとやはり明治維新のときに、お雇い外国人が持ち込んだとか・・・

いえ、それは微妙に違っておりまして。私どもの先祖が最初にこの国に来たのは江戸時代後期のことです。

あ、そうだったのですね！　そうすると、ペリーの黒船か何かで・・・

いえ、それも実は違っておりましてですね。長崎の出島に貿易に来ておりましたオランダ船がガラス器を運搬してきた際に、割れないための緩衝材として荷物に詰め込まれておりましたのが私どもの先祖であると、そのように言い伝えられております。

と言うことは、現代の『プチプチ』の代りであったわけですね。では、ひょっとして、お名前の「ツメクサ」というのは・・・

はい、お祭しの通りです。漢字で書くと「詰草」でございます。

なるほど・・・。私もそうですが、外来生物の和名というのは、「名は体を表す」系のものが多いですね（苦笑）。

もともとなかったものが来るわけですから、どうしても人間側から見て実用本位な名前にされてしまいがちですね。

「アカツメクサ」というのもありますね。

はい、親戚ですね。同じマメ科シャクジソウ属でございます。やはりオランダ船で最初にやってまいりまして、その後、明治になって、ともども牧草として導入され、やがて広まりました。

いまではすっかり、日本の風景にも馴染んでいる感がありますが・・・緑化ということで積極的に植えられてきた歴史もございますから。それに、私はつらつら思うのですが、その、私どもが馴染んでいる日本の風景というものそのものが、既に物理的にも精神的にも改変を受けているのではないかと。

と、申しますと？

いま、私のまわりを見渡していただきますと、オオイヌノフグリさん、セイヨウタンポポさん、ヒメオドリコソウさんなど咲いておりますが、皆様、江戸時代後期より前にはこの国に存在しなかった草花でございます。カミツキガメ様にもおわかりになると思うのですが、多くの人間、あるいは他のいきものが心に描く日本の野山の風景というものは、実際には私ども外来種、帰化種によって構成されているものなのではないでしょうか。
・・・それは言われてみればまったくその通りだと思いますね。私が普段棲んでいる水路でも、よく出会うのはアメリカザリガニさん、ウシガエルさん、アカミミガメさん、カダヤシさん・・・
そうでしょう。でも、それが21世紀の「日本の田園」や「日本の里山」の正体なのですよね。開国と明治維新は、在来のいきものにとっては辛い時代の始まりであったと思います。グローバリズムなんていう言葉がありますね。いまから１５０年以上も前に、いきものの世界では、この国はまさにそのグローバリズムの津波を受けていたのです。私どもはその津波の一部だったんです。

みんな、人間がしたことなのですよね。

そうですね。誰も、この国に来たくて来たわけではなかったのですが。

江戸時代後期より前に、この国の道端に普通に咲いていた花はどんなだったのでしょうね。

会ってみたいですね。どのような方たちだったのでしょうかね・・・

そろそろお時間です。今日はありがとうございました。

こちらこそありがとうございました。取材の旅、気をつけてくださいね。ほら、最後にこれをご覧ください。

あっ、四つ葉でいらしたんですね。

はい。これを見たあなたにはきっといいことがありますよ。私は人間に幸運をもたらすのはもう嫌ですけど、あなたなら。さようなら。どうぞ良い旅を。

アカボシゴマダラ

Hestina assimilis

チョウ目タテハチョウ科　　**原産地：東アジア**
前翅長：40 ～ 53㎜

大型のタテハチョウ。翅は白黒の縞模様で、夏に発生するものには赤い斑紋があるが、春型にはなく別種のように見える。日本国内では奄美大島・徳之島に自然分布するのみであったが、90 年代以降、人為的に放蝶されたものが急速に拡散し、現在では首都圏を中心とした関東一円で、都市部でも普通に観察できるチョウとなった。幼虫の食草はエノキであり、同じエノキを食草とする在来のオオムラサキやゴマダラチョウとの競合が懸念されている。2018 年、特定外来生物に指定された。

アカボシゴマダラ

――とてもお綺麗ですね。

ありがと。

――一つ疑問なのですが、アカボシゴマダラさんは本当に外来種なのでしょうか？
もともと奄美大島や徳之島にもいらしたという・・・

いたよ。

――では、関東地方などにいらっしゃるのは、いわゆる国内外来という扱いになるのでしょうか？

ちがう。

――ええと・・・それではどういったご事情で・・・

ゲリラ。

――ゲリラ!?

ゲリラに放されたの。あたし。

――その、ゲリラというのは・・・

放蝶ゲリラ。

――な、何ですかそれ？　何をするんですか？

チョウをね、超、野外に放すの。こっそり。

――こっそりチョウを放すんですか？　放してどうするんですか？

知らない。てかそんなどんどん聞かれてもわかんないし。もう帰っていい？

―・・・すみません。初めて聞く言葉だったものですから。もう少しだけお話しいただけますか？

まあ、ヒマだからいいけど。放してどうするか・・・そうだね、飛んでるの見たかったんじゃない？　わかんない、人間のすることは。

―アカボシゴマダラさん、お綺麗ですものね。

知ってる。しつこい。

―・・・失礼いたしました。ところで、先ほどのお話に戻りますが、ゲリラが放したのは奄美大島や徳之島などの国内産ではなかったということなのでしょうか？

ゲリラが放したのはね、中国かどこか外国産なの。奄美とかにもともといたのとは亜種？　が違うらしいよ。あたし自分のルーツよく知らない。

―初めに放されたのはいつで、どこだったのでしょう？

よくわかんないけど、90年代で、神奈川らへんらしいよ。

―いま、アカボシゴマダラさんは関東中で普通に見られるチョウになっていますよね。

そだね。繁殖するの得意だから。あたしたち年に三回羽化するんだよ。凄くね？

―エノキの葉を食草になさるということで、その繁殖力の強さから、在来種である

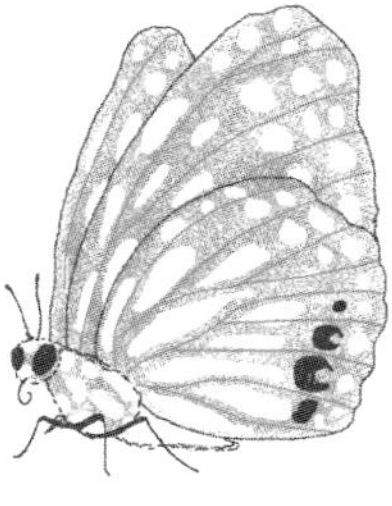

アカボシゴマダラ

オオムラサキやゴマダラチョウを駆逐してしまうのではないかと懸念されているようですが・・・

知らない。

―あまりお気にはなさらないと。

別に。他のチョウとか滅びてもいいし。関係ないし。あいつら嫌い。ウザい。あたしたちだけがいい。

―アカボシゴマダラさんは２０１８年に特定外来生物に指定されましたね。

何それ知らない。

―生態系、人の生命・身体、農林水産業などに被害を与える外来生物を指定し、その取り扱いを規制し、防除等を・・・

マジで!? 防除とか超ウケるんだけど。あたしらがこのへんにいるのなんて全部人間が悪いんじゃんね。てか、人間防除するのが先じゃね？ 人間とか超地球環境に悪いし。めっちゃ迷惑だし。あー、人間超ウザい。超防除したい！

スクミリンゴガイ

Pomacea canaliculata

盤足目リンゴガイ科 **原産地：南アメリカ**
殻高：50 ～ 80㎜

ジャンボタニシと通称され、形態もタニシと似ているが、タニシ科の貝ではない。日本には 1980 年代に台湾経由で食用として移入され、関東以西の各地で野外に拡散中である。その繁殖力の強さと環境適応能力の高さから世界の侵略的外来種ワースト 100 の一つにも選定されており、水田でイネを食害し大きな問題となっている。タニシよりも速く這うことができ、タニシの仲間が触角が 2 本なのに対し、こちらは 4 本あることでも区別できる。

スクミリンゴガイさんは、ジャンボタニシというお名前で有名ですね。

そうだよお。

もともとは食用としての養殖目的で日本にやってきたということなのですが、現在でも人間に食用として利用はされているのですか？

されてないねえ！　なんかねえ、うまいこと売れなかったらしいよお。

私どもカメなどから見ますと、おいしそうに見えるのですが・・・

怖いこと言うねえ。でもねえ、確かにスッポンなんかは我々を食べるからね。人間もねえ、それを使って我々を駆除しようとか考えたりもしてるみたいだよお。スッポンを持ってきて放流してね。でもねえ、今度はそのスッポンを食用に捕まえちゃう人間がいたりなんかしてね、問題になってるみたいだよお。

スクミリンゴガイさんは食用にされそうになったけど人間にとっては売り物になりにくくて、そのスクミリンゴガイさんを食べるために使われるスッポンは人間にとっては美味な食品で・・・

何だかもう、わけがわからないねえ。それに、そのスッポンだってどこの個体群をどう持ってきたっていうところを詰めないで持ってくるとねえ、これはまた国内外来種問題なんだな、うん。

人間にとってスクミリンゴガイさんが駆除の対象となっているというのは、スクミリンゴガイさんがイネやレンコンを食べて被害を与えるという・・・

そう！　もうね、悪いけど、イネとかは食べちゃう。これはもう食べちゃうねえ。食べないと生きていけないからね、どんどん食べちゃうよお。

人間とスクミリンゴガイさんで食べ物の取り合いになるわけですね。

取り合いっていうと聞こえはいいけどねえ、これはもともと、我々を連れてきたのが悪いんだなあ。我々は南米でもってね、平和に暮らしていても良かったわけよ。日本には台湾経由で来たけど、その台湾だとか中国だとか、いろんな国に我々持ち込まれたけどね、どこでも全部外来種問題だということになってるからねえ。食べ物にするために連れてきた我々と、食べ物の取り合いになるというのは人間にとっては皮肉な話だねえ。

いろいろと人間と揉めてもなかなか滅ぼされないというのは、乱暴な言葉を使いますと繁殖力が強いということなのでしょうか？

これがねえ、悲しいかな、我々は繁殖力が強いんだなあ。ちょっとこれを見てごらん。我々の卵なんだけれどもね。

うわあああー！　すごい色具合ですね！

よくそういうふうに言われるんだけれどもねえ、まあ、我々としてはこれをとに

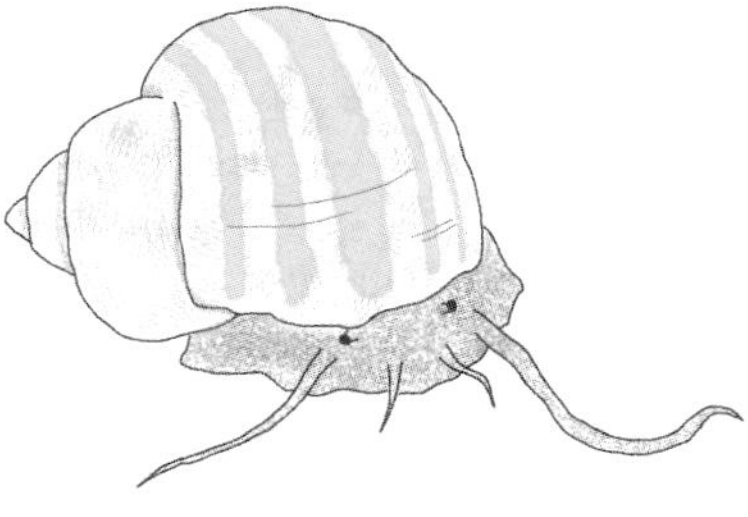

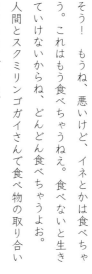

かく産む。もうね、じゃんじゃん産んじゃう！　田んぼのイネだとか用水路の壁だとか産んじゃうよお。

ずいぶん目立つ卵ですけれど、卵のうちに天敵に食べられてしまったりはしないのですか？

卵の天敵ということでいうとねえ、いないんだなあ、これが。なぜならば我々の卵には毒があるからねえ、なかなか食べられないよお。まあ、人間の皆さんも我々を滅ぼそうといろいろやっておるわけだけれども、自分で言うのもなんだけれども、我々をいなくさせようと思っても、事ここに至ってはそう簡単ではないねえ。

そうすると、これからは、日本中の田んぼに、この卵がどんどん増えていくわけですか。

そうだねえ。まあ、このままだとそういうことになるだろうねえ。だから、我々の存在もゆくゆくは日本の原風景になるというか、将来は人間も、「スクミリンゴガイ追いしかの水路、ジャンボタニシの卵とりしかの田んぼ」なんて歌うようになったりしてねえ、ワッハッハ！　もっとも、日本の農業というのは高齢化が著しいからねえ、その前に耕作放棄が進んで田んぼがなくなって、我々も生きる場所がなくなるかもしれないねえ。だとしたら悲しいよねえ。我々としてもねえ、我々の子供や孫たちに、この田んぼを残してあげたいよねえ。

ウシガエル

Lithobates catesbeiana

無尾目アカガエル科　　　　　**原産地：北アメリカ**
体長：10 ～ 18cm

ウシに似た太い声で鳴くところが名前の由来。北アメリカでは最大のカエルで、食用として世界各国に持ち込まれ、その貪食と旺盛な繁殖力で、各地で在来生態系に大きな被害を与え問題となっている。日本には、1918 年に東京帝国大学の渡瀬庄三郎博士により導入されたのが最初。2005 年、特定外来生物に指定された。余談だが渡瀬庄三郎博士は、のちに沖縄にフイリマングースを導入した人物でもある。

ウー！

こんにちは。ウシガエルさんとは、いつも水辺でお会いしておりますが、こうして改めてインタビューするとなると少し照れますね。

そうですな。しかし、おなかが減りましたなあ。ウー。

ウシガエルさんは、いつもおなかを空かしていらっしゃいますね。

食こそ物事の根幹ですからなあ。

もともとウシガエルさんは、私と同じ、アメリカにルーツがありますね。

そうですな。私の先祖が、船でもって太平洋を渡って、この極東の島国に連れてこられましたのは１９１８年のことですから、１００年が経ちましたなあ。

大先輩ですね。

いやいや、いきものに先輩も後輩もありませんでな。お互い、故郷から遠く離れて嫌われ者として生きる仲ではありませんか。まあ、ざっくばらんにいきましょう。ウー。

ありがとうございます。先ほど、食のお話が出ましたが、ウシガエルさんは別名を「食用ガエル」とも呼ばれるほどで、最初はそれこそ人間に食べられるために輸入されたわけですよね。

そうですね。辛いことですなあ・・・私は食べることが大好きなのですけれども、やはり、自分が食べられるとなると気分は違うわけですなあ。人間というものはおそろしい捕食動物でしてな、私は世界中で野生化しては現地のいきものを食べたり生態系に影響を与えるというので、IUCN、国際自然保護連合から「世界の侵略的外来種ワースト100」というのに指定されておりまして、ここ日本においても、あなたと同じように特定外来生物に指定されておるわけですが、それもこれも人間が私を食べようとしては、あちこちに連れて行ったのが原因なのでしてな。私どもも、死にたくはないから、逃げられるなら逃げますわなあ。それで野外にどんどん拡がっていくと・・・しかし、おなかが減りましたなあ。ウー。

ウシガエルさんは、どんなものをよく食べていらっしゃるのですか？

おおよそ、口に入るものなら何でもですなあ。水棲昆虫、甲殻類、他のカエル、イモリやサンショウウオ、水鳥の雛・・・小さなやつならヘビも食べますなあ。大きかったら反対にやられてしまいますがな（笑）。まあ、水辺のいきものを幅広く食べるということですな。

それが、ウシガエルさんが在来の希少な動物を食べてしまう、生態系を破壊する、ということにつながってしまうのですね。

ウシガエル

そうですな。食べましたなあ・・・少ししかいないようないきものをずいぶん食べましたなあ。そこに残った最後の一匹だったというようないきものもおったでしょうなあ・・・しかし、ウー、おなかが減って仕方がなかったんですな・・・悲しいことですな。私は、自分が食べたいきものの冥福を祈っております。しかし、これからも、食べてしまうでしょうなあ・・・それを思うと、生きていくということは悲しいことですな。誰の邪魔にもならず、邪魔をされずに生きていけるような、そんな場所があればと思いますな。

そんな場所があれば、私も行ってみたいですね。

我々外来生物にとって、それが天国というものなのかもしれませんな。１００年以上前、我々の先祖はあなたと同じ、アメリカの水辺におったはずですな。どんなところか想像してみたいと思いますが、経験がないから想像もできませんな。死んだら、そういうところに行けますかな。食を絶って死のうかと思う時もありますが、同じ死ぬなら食べ過ぎて死にたいですな・・・。

誰かに食べられて死ぬ、ということもありますね。

おお、それもありますな。いい考えですな。一番自然ですな。イタチですとか、サギですとか、カワウですとか、そういうものに・・・それならある程度、納得がいきますな。しかし人間に食べられるのは嫌ですな。それは寿命を全うした感じがしませんでな。ウーッフッフ。

ミシシッピアカミミガメ

Trachemys scripta elegans

カメ目ヌマガメ科　　　**原産地：アメリカ合衆国南部～メキシコ北部**
甲長：15 ～ 30cm

幼体は「ミドリガメ」と呼ばれる。1950 年代以降、ペットとして大量に輸入・飼育され、のち逸走あるいは放流された個体が日本全国の野外に定着した。在来種のカメに比べて大柄で繁殖力が強く、汚染に対する耐性も勝っており、在来種のカメの生息に影響を与え、またレンコンなど農作物への被害も報告されている。そもそもカメは長命ないきものであり、飼い主の方が先に死ぬ可能性も高く、安易に飼うべきではない。
（2023 年 6 月より条件付特定外来生物に指定予定）

こちらの池は、またずいぶんたくさんのカメがいますね・・・

うん。ここ、お寺の池だからね。人間がみんな、飼いきれなくなったカメをここに放しに来るんだよ。お寺ならいいと思ってるんじゃないかな。

池の面積に対して、カメの密度が高すぎるように思えますが・・・

しょっちゅう、誰かがカメを連れてきてここに置いていくからね。

正直、水質も悪いですね。

この池、日当たりが悪いし、お寺の下水も流れ込んでくるし、僕たちはみんなうんこするしね。弱いカメはすぐ皮膚病になって死んじゃうよ。僕みたいなアカミミガメはまだ割合大丈夫だけど、ニホンイシガメさんとかはこういう汚い水じゃ辛いよね。池の中でカメが死んで腐ると、また少し水が汚れるんだ。

この池にいらして何年になるのですか？

僕は10年かな。この中じゃもう古いよ。

それ以前はどちらに？

他のみんなと同じだよ。人間の家にいたよ。

お店で買われたのですか？

そう･･･ではないね。僕ね、お祭りの時のカメすくいで、すくわれていったんだよ。

カメすくい、ですか・・・そのようなものがあるのですね・・・

ひどかったよ。子供のカメが何百頭も、普段は狭い桶に入れられていてね。この池なんかよりもずっと汚くてずっと過密だったよ。お祭りがある日に、ミドリガメすくいに出されるの。僕はアキコちゃんっていう女の子にすくわれたよ。仲間のカメと一緒に。名前つけてもらったんだ。僕が「かめきち」で、仲間が「かめのすけ」。

アキコちゃんの家で、どのくらい暮らしたんですか？

5年だよ。楽しかったなあ。毎日ごはん食べさせてもらって、水槽の水も汚れたら換えてもらえて。アキコちゃんが、甲羅を爪でカリカリかいてくれるんだ。気持ち良くてね、お尻をフリフリすると喜んでもらえたよ。僕たち、家族だって言ってもらえたんだよ。

でも、捨てられたんですね。

捨てられた・・・捨てられた、か。そうなのかなあ。

そういう言い方だと悲しくなっちゃうな・・・

ごめんなさい。

僕ね、アキコちゃんのこと全然恨んでないよ。僕は、子供の頃に桶の中で死ぬか、誰かにすくわれていくかしかなかっんだから。でも・・・もう大きくなり過ぎて飼えないって言われたんだよね。どう思う？　僕、大きくならない方が良かったのかな。ごはん食

べない方が良かったのかな?

・・・。

ずっと一緒に暮らしたかったのにさ。家族って言ってもらえたのに。野生に帰りなさいって言われたんだよ。僕、一度も野生だったことないのに。どうしたらいいかわからなかったよ・・・

その後、かめのすけさんはどうされたのですか?

かめのすけはね、この池に放された次の日に、カラスにやられてね・・・さんざんつつかれたあと、空から石の上に落されたんだよ・・・かめのすけ、僕に言ったよ。逆さまになって動けなくなったままで。水槽に帰りたいよ、お水換えてもらって、ごはんもらいたいよって。でも、かめのすけは甲羅が割れてたの。目もなかったの・・・

かめきちさんは、この池から出て行こうとは思わないのですか?

行こうと思えば行けるよ。ほら、そこに道路があるでしょう。あれを越えると川があるんだよ。出て行くカメがたくさんいるよ。だいたいのカメは道路で轢かれて死んじゃうんだけど、中には川まで行けるのもいるよ。そういうカメは、自分の好きなところに行って住むんじゃないかな。でも、僕は行かない。もう決めたんだ。きっと、こうしてこの池にいれば、いつかアキコちゃんが気が変わって、迎えに来てくれるんじゃないかと思うんだ。僕はここで、いつまでも待ってる。

キョン

Muntiacus reevesi

鯨偶蹄目シカ科　**原産地：中国南部、台湾**
頭胴長：70 ～ 100cm　**体　重：8 ～ 15kg**

柴犬ほどの大きさの、森林性のシカの仲間。伊豆大島では 1970 年代から、千葉県では 1980 年代から、それぞれ飼育されていたものが逸走、野外で繁殖・定着した。野菜や果樹への農業被害、また在来の植物への被害をももたらすことから、2005 年に特定外来生物に指定され、伊豆大島・千葉県ともに根絶を目指した駆除が行われているが、その個体数はむしろ増加傾向にあり、千葉県においてはかつては県南部でしか見られなかったものが近年では県北部まで進出している。

キョン

――キョンさんというのは珍しいお名前ですね。どのような由来がおありなのでしょうか？

はい！「羌」という文字の台湾語の読みからですね（蹄で描いてみせる）。

――では、ご先祖はそちらからいらしたので。

はい。

――伊豆大島、そして千葉県で野生化していらっしゃるというのが話題となっておりますが、これはそれぞれどういった・・・

はい！　それぞれどちらも、飼われていたものが脱走して、それから野外で増えました。伊豆大島は動物園、千葉県はレジャー施設ですね。

――キョンさんは、すばしっこそうですものね。失礼ですが、体重はいかほどですか？

はい！　10kgくらいですね。

――そ、それでは、私と同じくらいなんですね。どうしてこんなにスタイルが違うのですかねえ・・・

いえいえ、私など、シカの仲間でも原始的なホエジカ属で、ニホンジカさんなどに比べたらぐっと脚が短いし、スタイルも悪いんですよ。走るのもそこまで速くないですし、喧嘩も弱いんです。

――それでは、何がお得意なのでしょう？

子づくりが得意なんです。

子づくり。

はい。ご存知の通り、だいたいの動物には繁殖期というものがあるんですが、私どもにはありません。年間を通じて、いつでも子供をつくるわけです。そしてまた、ニホンジカさんなどですと生後2年経ってやっと子供をつくれるわけですが、私どもは生後半年でできるわけです。ですから、うんとたくさん子供をつくれるわけです。

素朴な疑問なのですが、そのようにその、子づくりがお得意でいらっしゃって、なぜ、もともといらした中国や台湾では、この日本のように大増殖なさらないのですか？

はい！　天敵がいるからですよ。それは、カミツキガメさんも身に覚えがありませんか。私どもの父祖の地には、ヤマネコやウンピョウやニシキヘビなど、私どもを狩る動物があまたおりました。

そうですね。私も、アメリカにいる仲間たちはワニに食べられていると聞いております。

そうでしょう。それに加えて、千葉県も伊豆半島も、気候があたたかで植物が多いですから、これは住みやすいです。また人間のつくる野菜というものも、たいへんおいしいものです。あまたの外来種の皆様

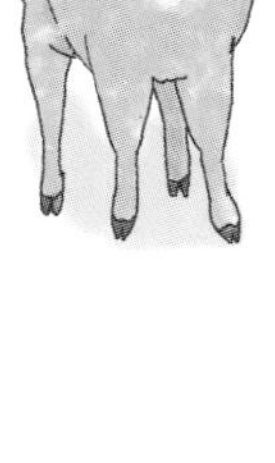

が故郷を遠く離れて迫害に遭い辛い思いをしておいでの中、こんなことを言うのは申し訳ないのですが、私としては、人間にこちらに連れてきてもらったのは、もっけの幸いという気持ちでいるんです。

——その人間の側からすると、現在キョンさんは駆除の対象で、人間はキョンさんの根絶を目指してエネルギーを投下して捕獲を行っているわけですが。

はい！ 毎年何千頭もの仲間が犠牲になっていますね。しかし、私どもは人間の思い通りにさせる気はありませんね。それにまた、やすやすとそうなるとも思えませんね。現に、伊豆大島でも千葉でも、私どもは駆除された数以上に増え続けているのですから。今のところ、勝負は私どもの勝ちですね。

——殺したい人間と生まれていくキョンさん。キョンさんがその勝負に勝つと、どんなことが起こるのでしょう？

はい！ 私どもは、どんどん分布を拡げてゆくことでしょう。伊豆大島は島ですが、千葉県からは利根川と江戸川を越えて、関東平野に拡がり、日本全国を埋め尽くしていきます。地球は温暖化していますから、これからは私ども南方系のいきものも日本列島の広い範囲で冬を越せるようになります。食べ物には困りません。日本にはおいしい草がたくさんありますし、人間が野菜や果物を育ててくれていますから、それを食べればいいんです。この国を私どもの子供で埋め尽くすこと、それが私の夢なんです。

ヌートリア

Myocastor coypus

齧歯目ヌートリア科　　**原産地：南アメリカ**
頭胴長：40 ～ 60cm　　**体　重：4 ～ 8kg**

流れの緩やかな河川や湖沼に生息する、半水生の大型のネズミの仲間。後足の指には水かきがあり、巧みに泳ぎ回り様々な水生植物を食べる。日本には 1939 年に毛皮をとるために輸入されたのが最初で、のち野外に遺棄されたものが西日本を中心に幅広く定着・繁殖している。農作物に対する食害や、在来生態系への悪影響等から、2005 年、特定外来生物に指定された。

ヌートリア

— はじめまして。カミツキガメと申します。

ヌートリアでございます。

— これがヌートリアさんの巣穴でいらっしゃいますね。

どうぞお入りくださいませ。

— これは・・・私も多少、穴を掘りますが、ヌートリアさんがこのように立派な穴を掘られるとは驚きました。広くて深くて、しかも内部が大変に複雑ですね。穴掘りがお得意でいらっしゃるのですね。

いささかたしなんでおります。

— 穴掘り以外に、水泳もお得意でいらっしゃるのですよね。この穴のある土手まで一緒に泳がせて頂きましたが、お上手で驚きました。

水の中が専門のカミツキガメ様にお褒め頂くのは光栄でございます。

— いえいえ、私など水底を歩いてばかりですから。ヌートリアさんは、ニホンカワウソの目撃情報と混同されることもあると聞きました。

滅相もございません。体の大きさが比較的似ていて水の中にいるというだけの共通点でございます。

— また、こうして座っていらっしゃると、人間にも人気のカピバラさんにも似ていらっしゃいますね。

遠い親戚でございます。我々は同じ齧歯目でございますから。カピバラとは、同

じ南米の出身という共通点もございます。

——しかし、ヌートリアさんは、今ではカピバラさんとも遠く離れ離れですね。

はい、太平洋戦争前夜にこの日本に連れてこられました。

——人間の食用としてですか？

いいえ。皮を剥がれるためでございます。大日本帝国陸軍は、防寒性の高い毛皮を必要としておりました。それが我々の先祖だったのです。

——しかし、日本は戦争に負けました。

はい。そして、軍隊もなくなりました。満州やロシアで戦うための防寒服は要らなくなったのです。

——70年が経って、いまやヌートリアさんは駆除される立場にあります。

我々がイネや野菜を食べると。巣穴が畦や土手を崩すと。水生植物の群落を根こそぎにするので希少なトンボなどの生息地がダメになると。農家から自然保護団体まで、およそ人間という人間には嫌われておりますね。

——お国のため、ということで連れてこられたのに、それは理不尽な話ですね。

ですが、我々は、お国のためと言われていた時代より、今の時代の方が幸せであると思いますよ。

それはなぜですか？

どこにも行けずにただ殺されて皮を剥がれるだけの一生より、嫌われても追い回されても自由に生きられる方が、それは幸せではありませんか。

そうですね・・・。

我々を殺すなら殺せばいいのです。しかしながら、ただただ我々を殺しても、それはいささか、未来への発展性に欠けると申せましょうね。何となれば、我々がどうしてここに連れてこられたか。そして、戦争はなぜ起きたか。人間の中の誰が起こして、誰がどう責任をとったか。そこまでのことを検証しなければ、我々が今死んでも無駄死にでございますね。戦争では人間もたくさん死んだはずですね。その戦争の副産物として、我々が今も人間に被害を与えているとするならば、戦争はまだ終わってはいないということになりますね。我々はここで自由に生きるこの姿でもって人間にそれを教えてやっておりますつもりでございますがね。

ヌートリアさんがいくら教えても、人間はそのことに考えるでしょうかね？　そのことを考えるほどの知能と精神を持っているでしょうかね？

さて、どうでしょうね。カミツキガメ様はどうお思いになられますか？

オオヒキガエル

Bufo marina

無尾目ヒキガエル科　原産地：アメリカ合衆国南部〜南アメリカ大陸北部
体長：10 〜 20cm

大型のヒキガエル。開けた場所に生息する。オーストラリア、ハワイなどに害虫駆除目的で移入されたが、繁殖力が旺盛なことと、アルカロイドを主成分とする強力な毒を耳腺に持ち、危険な上に在来生態系に被害を与えることから各地で問題を引き起こしている。日本には小笠原諸島、大東諸島、八重山諸島にやはりサトウキビ畑の害虫駆除目的で移入された。2005 年、特定外来生物に指定された。

【写真提供：中込　哲氏】

オオヒキガエル

・・・こんにちは。

おお、カミツキガメさんだね。どうしてもっと近寄ってこないんだい？

・・・失礼をしてすいません。お近くに寄りたいのですが、何か体がピリピリするというか。差し支えなければこの距離でお話しさせてください。

さすがだね。正解だよ。あんた、わかるんだね。おいらには触らない方がいいってこと。

はい。なんとなく。

長生きしたいいきものは違うね。それがわからなくて再起不能になった奴は大勢いるんだよ。おいらも、できればそういうことなしで平和に暮らしたいんだ。近寄ったって大丈夫だよ。でも、おいらに噛みついたりしないでおくれよ。

噛みついたりするとどうなるのでしょう？

これ、わかるかい？　おいらの鼓膜の後ろ。

ふくらんでますね。

ここに毒液がたっぷり詰まってるんだ。かじったら大変なことになるよ。

命にかかわりますか。

かかわるね。摂取すると心臓の機能がやられちゃうんだそうだよ。自分ではわからないんだけどね。世界のいろんな国でね、おいらたちを食べようとして毒で死ぬいきもの、おいらたちの死体を食べようとして中毒するいきもの、そういうのたくさんいるよ。人間なんかでも、おいらの毒が目に入ると失明したりするみたいだよ。

では、オオヒキガエルさんが歩いているのを見たら、在来種のいきものは近づかない方がいいと。

いや、歩いているところとかじゃなくて、おいらたちは卵やオタマジャクシにも毒があるから。日本の島でもね、おいらたちが卵を産んだ池でアヒルがみんな死んじゃった、なんてのがあるんだよ。

卵からおとなまでどの段階でも毒があるというのは、それは強烈ですね。

まあ、それに加えて、おいらたちはそれでなくても在来種の虫やなんかをいっぱい食べるし、繁殖力も強いからね。天敵がいない環境においらたちを放したらどうなるか、わかりそうなものなんだけどね。ついでに言っておくと、両生類の中ではわりあい塩分に耐性があって海岸の近くでも暮らせるし、オタマジャクシは水温が40度を超えても大丈夫なんだ。頑丈なのがおいらたちの取り柄だよ。だから世界中で駆除対象になってるんだけどね。

繁殖力や環境適応力が強くて天敵もいないとすると、この先、オオヒキガエルさ

んは本州や四国・九州にも上陸して爆発的に増える可能性もあるのでしょうか。

それはまだできないね。おいらたちは寒くなると死ぬからね。小笠原や南西諸島でも、けっこうギリギリなくらいなんだよ。地球がもっと温暖化でもすれば別だけどね。

温暖化に関して言えば、20世紀半ば以降に観測された世界平均気温の上昇のほとんどは、人間活動に伴う温室効果ガス濃度の増加によってもたらされた可能性が非常に高いともされています。

そうらしいねえ。困っちゃうよね。おいらたちをそれまでいなかったところに放してから、あとになってさんざん駆除しようと頑張っておいて、その裏では一生懸命地球の温度を上げておいらたちが暮らす場所を増やそうとしてくれるなんてね。人間はいつだってそうなんだ。間違ったことをやっては、別の間違ったことをしてそれを塗り隠そうとする。

いつの日か、場所を変えてお目にかかる日も来るかもしれませんね。

カミツキガメさんはどこに住んでるの？　千葉？　房総半島なんて暖かいって聞いてるよ。おいらは年寄りだけど、あんたはまだ長生きできるだろう。きっといつか、おいらたちの子孫があんたの家の近くであんたに会えそうな気がするよ。そのときは、伝えてやってくれよ。おまえのじいちゃんは一生懸命生きた、おまえも一生懸命生きろってね。おいら、そういうこと考えるのが好きなんだ。

ホンビノスガイ

Mercenaria mercenaria

マルスダレガイ科　　　**原産地：北アメリカの大西洋岸**
殻長：100㎜

やや大型の二枚貝。浅い海の砂や砂泥に生息する。日本では 1998 年に千葉市で初めて発見され、現在では東京湾沿いに数多く見られる。原産地ではクラムチャウダーの材料となるなどよく知られた食用貝で、アサリやハマグリに比べて酸素の少ない環境にも強く、在来の貝が減少する中、2013 年には漁業権が設定され、2017 年には「三番瀬産ホンビノス貝」が千葉県のブランド水産物に選定されるなど、現在では日本国内でも積極的に食されつつある。

ようこそおいでなさいまし。

突然ですが、私は、ホンビノスガイさんに対して、非常に興味があるのですが。

どういった面でございますでしょうか？

まず、基本的なことですが、ホンビノスガイさんもこちらでは外来種であるわけですよね。

左様でございます。

もともとのご地元は北米でいらっしゃると。

はい。その大西洋岸でございますね。

そして、現在では東京湾に定着していらっしゃると。

はい。それに相違ございません。

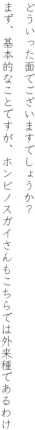

私と同じように北米から連れてこられて、千葉県を中心に増えているわけですが、例えば私などはもともとは愛玩動物として連れてこられて、いまは邪魔者にされて駆除対象となっております。また、他の外来種の方に多いパターンとしては、人間の食用として連れてこられて、しかるのちに駆除対象となっていると。ところが、ホンビノスガイさんは、連れてこられてこちらで増えてから漁獲対象、人間の食用となっている。これは珍しいパターンですよね。

左様でございますね。連れてこられたと申しますが、私《わたくし》の先代は船にくっついてうっかりまいりましたものと聞いておりますから、人間に無理矢理連れてこられたということもないのですね。

——そのあたりも他の外来生物と少し異なるところですね。

左様でございますね。それに、たまたま東京湾の奥に、例えば船橋市の三番瀬ですとか、私《わたくし》どもの生存に適した干潟が残存しておりましたこと、これも大きゅうございますね。そのような環境が残っておりませんでしたら、私《わたくし》どもも生き残れなかったことと思いますし、そうだといたしましたらこんにち、人間に漁獲されて食用とされることもなかったことと思いますね。

——もともと、そうした東京湾の干潟にはアサリなど在来の貝がいたわけですよね。その中で、ホンビノスガイさんが数を増やすことができたポイントはどこにあるのですか？

左様でございますね。やはり、青潮でございますね。

——青潮。

人間がですね、汚れたものを海に流したりいたしますと、富栄養化しましてプランクトンが大量に発生いたしますね。そしてそれが死ぬと、微生物がこれを分解

いたしますが、そのときに水中にある酸素を使いますので、水底の方には酸素がなくなってしまいますね。ところが、ここに酸素がなくても生きていける硫酸還元菌という細菌がおりまして、これは水の中の硫酸イオンを硫化物イオンに変えて暮らしておりますので、酸素の少なくなった海の底には硫化物イオンがたくさんたまっているわけですね。そこに風が吹きますと、硫化物イオンがまじった酸素のない水が、海面の方に上がってまいりますね。硫化物イオンは空気の中の酸素と出会うとイオウになりまして、これに光があたると海面が青や白に見えるわけですね。これが青潮ですね。

聞いておりますと、ずいぶんと体に悪そうですね。

左様でございますね。この青潮が起きますと、アサリなどはたちまち死んでしまうわけですが、私《わたくし》どもは比較的に、酸素の少ない環境に強うございますので、人間の側からいたしますと、青潮が起きて他の貝が獲れないときでも、私《わたくし》どもは獲れると、そのようなわけでございますね。

そうして、今やホンビノスガイさんは千葉県のブランド水産物になっているわけですね。私は同じ千葉県で防除されておりますが（苦笑）。

明日は我が身でございますよ。私《わたくし》も、風向きが変わればいつ邪魔者にされるかわかりません。それに、駆除されるにしても食べられるにしても、殺されるのは同じではありませんか。また今度、ゆっくりお話いたしましょう。

クサガメ

Mauremys reevesii

カメ目イシガメ科　　**原産地：中国、朝鮮半島**
甲長：10 ～ 30cm

河川の中・下流域を中心に生息する、雑食性のカメ。日本全国に広く分布するが、近年の研究により、江戸時代に朝鮮半島から持ち込まれた外来種である可能性が高いことが示されている。また、ペットとしても大量に流通しており、中国由来の輸入個体が野外に数多く遺棄、拡散していると思われる。ニホンイシガメとは交雑する場合がある。

クサガメ

やあ、こんちは。

あれ、あなたクサガメさんじゃないですか。

ねえ、僕のこともインタビューしてよ。

えっ、いや、今回の旅では外来生物の皆様にインタビューしてるんですが。

僕も最近、外来生物らしいってことになったんだよ。だからそっちの仲間に入れてもらおうと思ってさ。

どういうことですか。あなたは在来のカメではないのですか。

それが近年の研究でね、江戸時代以降に朝鮮半島経由で持ち込まれたらしいっていうことになったんだ。古い時代の遺跡からはクサガメの骨は出てないみたいでね。でも、それには反論もあったりしてまだ確定っていうわけではないんだけど。少なくとも、中国から大量に輸入されていたペット由来の個体群がたくさん野生化しているのは確かだよ。こういう話が持ち上がってから、年寄りのカメと話してみたりしたんだけど、やっぱり、うちの家系はもともと中国や韓国らしいって言うカメもいたよ。

あなた方のようにたくさんいるいきものが、実際には外来生物であったということになると、ではあなた方が在来生態系にどのような影響を与えているのか、ということが問題になりますよね。

そこなんだよ。実際のところ、僕たちはニホンイシガメの生存の脅威になっているというのは確かだと思う。

どういった点でですか？

僕たちとニホンイシガメは、雑種ができるんだよ。交雑することによって、どんどん純粋なニホンイシガメが減ってしまう。それに、ふつうに食べ物や生活環境をめぐって競合もする。冷静に考えてみた時に、ほら、あんた、カミツキガメさんはいつもセンセーショナルに悪者にされるじゃない？　でも、実際には僕たちクサガメの方がむしろ在来のカメには害を与えてるかもしれない。いままで、僕たちも在来のいきものだとされていたからそのことがあんまりとりあげられなかったけど。

・・・。

ちょっと前までは、都道府県のレッドリストとかには、僕たちも保護対象として記載されていたもんだよ。それが今では、時と場合によっては駆除の対象となったりもしている。いやあ、明日は我が身だよね。あんたたちの気持ちがやっとわかったよ。

外来生物だということになった途端、マイナスの面ばかりがクローズアップされますからね。

けどさ、僕たちのせいだけにしなくても良くない？　人間がニホンイシガメさんを守りたいんだったら、まず開発やめればいいじゃんね。生

息域をちゃんと保全してあげればいいじゃんね。川を汚さなきゃいいじゃんね。三面護岸とかやめればいいじゃんね。僕たちを駆除して、それをイシガメの保全のためだって言っても、やっぱりそれってただのアリバイ作りっていうか、こっちとしては納得いかないよね。

クサガメさん、あえて申し上げるとですね、私たち外来生物は、これまでだいたいみんなそのような思いをしてきたのですよ。

そうなんだろうねえ・・・こういう立場に置かれるとさ、いままで見えなかったものが見えちゃって嫌だね。僕たちクサガメもさ、丈夫で飼いやすいし、よく慣れるから、ペットとしてかわいがられてたわけでしょ。そのことが、結局は増えて捨てられて殺されることにつながるわけでしょ。人間にかわいいって言われたら、あとで悲惨な運命が待ってると思った方がいいのかもね。

かわいいは怖い、ですね。

こうなったら、できるだけ長生きして、人間がどうなっていくのか見届けたいっていう気持ちもあるよね。なんかね、僕、この件で逆に生きる力が湧いてきた気がするんだよね。

頑張りましょう！　我々のとりえは長生きなことですものね。しっかり物事を見届けていきましょう。

１００まで生きようね！　お互い。

セイタカアワダチソウ

Solidago altissima

キク目キク科　　　　**原産地：北アメリカ**
高さ：100 ～ 300cm

河川敷や農耕地、草地などに群生し、秋に黄色い多数の小さな花を咲かせる多年草。日本には20世紀初頭に園芸植物として持ち込まれ、第二次世界大戦後から全国に拡散した。化学物質により他の植物の発芽を抑制する「アレロパシー」効果により勢力を拡大したが、そのアレロパシーにより最終的に自らの発芽も抑制される等の要因により、現在では衰退傾向にある。日本の侵略的外来種ワースト100の一つに選定されている。花粉症の原因とされることもあるが、これは間違いである。

――セイタカアワダチソウさんと言えば、少し前までは代表的な侵略的外来植物として、人間、そして在来の植物から、その脅威が叫ばれていたように記憶しております。しかし、最近はあまりそうした問題が大きく取り上げられることもなく、特定外来生物への指定もされておりませんね。まずはそのへんについて・・・

あの、みんなはすぐに、私のことを強い植物だ、悪い奴だとか言うんですけど、ほんとは私全然強くないんです。誤解なんです、はい。今日はありのままの私を見てもらいたいと思って、このインタビューをお受けしました。

――ありのまま、ということなんですが、戦後から20世紀終盤にかけて、各地で非常に他の植物を駆逐して繁茂なさっていたというのも事実だと思うんですね。そのあたりから・・・

あの、確かに、少しいい時代もあったと思うんですけど、その裏では私もすごく努力して・・・あの、やっぱり私もいっぱい欠点があるし、ほんと自分でも自分が嫌いになることもあるんですけど、あの、何不自由なく過ごしていたと思われるかもしれないんですけど、全然そんなことはなくて、辛いこととかいっぱいあって、それはわかってもらいたいです。

――はい。ええと・・・そうですね。いきものなら誰しも、辛い時というのはあると思います。それで・・・セイタカアワダチソウさんの場合、アレロパシーを用いていたと伺いました。他の植物の発芽を抑制する、成長を阻害するというような化学物質を出すことで勢力を伸ばしていたと。そのように伺いましたが。

あの、それもやっぱり、生きていくためって言うか、私はそういうふうにしか生きられない、それが私の中のナチュラルっていう、あの、一時的には誤解されるとかそういうこともあると思うんですけど、でもそれは、真実はひとつなので。自分らしい生き方、自分の心の声に従う生き方を私はしたいので。

―ええと、そうですね・・・そのアレロパシーですけれども、現在では、逆にそれがセイタカアワダチソウさん自身の種子の発芽を抑制してしまっている面があると。そのことが、セイタカアワダチソウさんの繁茂が各地で昔ほどではなくなったということに結びついているというふうにもお聞きしているのですが、その点はいかがでしょうか？　まあ他にも色々おありだと思いますけれども。

それはでも、私には私のライフスタイルがあって、それを変えることはできないですし、やっぱり、その、アレロパシーがどうこうと言うより、私のストーリーの裏にある、華やかでない部分も皆様に知ってもらいたい。等身大の私を感じてもらえたらと思います。

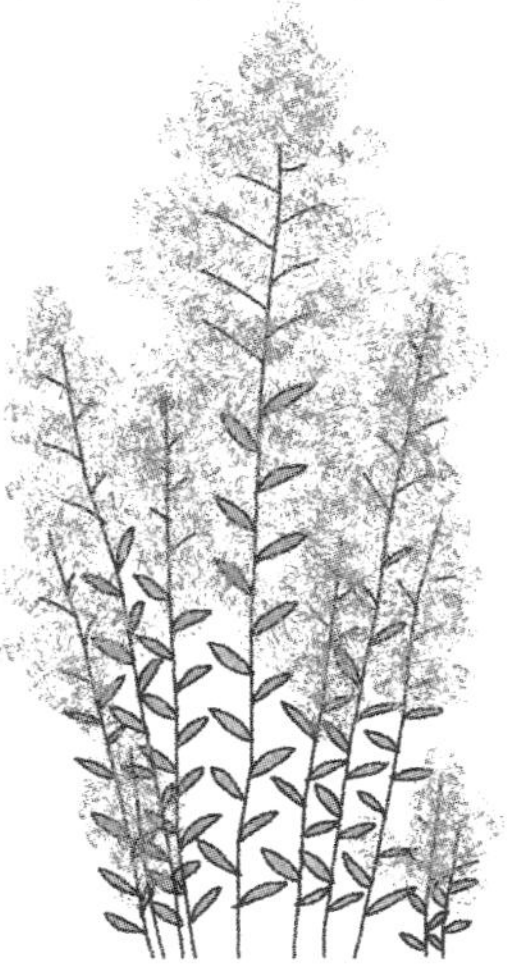

―では・・・今後も、アレロパシー

の使用はおやめにならないということですね。

それは小さなことだと思うんです。アレロパシーということを切り取るのではなくて、そうしたことを含んだものが私だということをご理解いただければと思います。

――例えばススキですとか、セイタカアワダチソウさんと競合的な関係でいらっしゃる在来の植物に対してはどのようなお気持ちを抱いていらっしゃいますか？

あの、私は、大事なのは愛だと思っていて。ススキさんは私をどう思っているかわかりませんけれども、私がススキさんに抱いているものは、愛です。愛と平和が、私が最も訴えたいことです。誰もが自分らしく生きられる、やさしい世界でありたいんです。いつか必ず、この丸い地球で全てのいきものが手を取り合って生きる慈愛に満ちた世界が訪れることを信じています。

――それでは、人間に対してはどうですか？

はい、人間というのは、全能の意思が私たちに与えられた試練だと思っています。

この人間という大災害によって、私たちのあるものは滅び、あるものは生き残り、そして生き残ったものたちによって新たな美しい世界が訪れると思っています。

愛の力を信じるかどうかが、その分かれ目になるのではないでしょうか。

――・・・はあ・・・なるほど・・・

オオフサモ

Myriophyllum aquaticum

ユキノシタ目アリノトウグサ科　原産地：南アメリカ
水面からの高さ：20 ～ 30cm

淡水性の抽水植物。多年草である。池沼や河川に生育する。繁殖力が極めて旺盛で、19 世紀以降、世界各地に人為的に移入されたものが野生化している。日本には大正年間に観賞用として持ち込まれ、のち東北地方の一部を除く全土に拡がった。2006 年、特定外来生物に指定された。日本の侵略的外来種ワースト 100 のひとつにも選定されている。

――インタビューの申し込みをさせて頂いたカミツキガメですが・・・ ずいぶん大勢でいらっしゃいますが、本日は、この中のどなたに対応して頂けるのでしょうか?

全員一斉に　一同で答えさせて頂きますわ。宜しくお願いいたしますね。

――えっ。いや、こんなにも、川を埋め尽くすほどの数でお答え頂きますと、色々と混乱が生じると思うので、可能でしたらおひとりに代表して頂きたいのですが。

全員一斉に　問題ございません。私たちは全員クローンですから。

――クローン。

私たちは、地下茎でどんどん増えますから。ここにいるのは全員同じ性格、同じ遺伝子を持っていますわ。

――種子で増えているのではないのですね。

日本国内には、雌株しかございませんの。種はなくても地下茎で、それにわざわざ地下茎を伸ばさなくても、ほんのちぎれた切れ端からでも再生して増えていきますわ。

――それでこのように、川の流れを止めるほどになるのですね。

ええ。

――あなた・・・と申しますか、あなた方は、現在特定外来生物に指定されております。当然に駆除の圧力がかかっているかと思うのですが。

うふふふ。私たちを根絶やしにしようと思ってもそれは困難ですわ。

――切れ端から再生するほどですものね。

その場だけ刈り取っても、私たちはまた伸びてきます。永久に刈り取りを続けるはめになるだけですわ。

――人間の側から見ると、疲れる話でしょうね。

あら、私たちを連れてきたのが悪いのですわ。しかも最近まで、私たちは熱帯魚店などで鑑賞用に売られておりましたから。

――「パロットフェザー」というのがあなた方ですね。

そうですわ。刈り取りではだめだということで、光を遮るようにしたり、水底の土壌ごとはぎとったりと人間もいろいろ仕掛けてきますけれども、小さな池ならともかく、このような広い川などでは無理がありますわ。

――除草剤や、その他の薬剤などを撒かれたりは？

私たちの体の表面は、つやつやしておりますでしょ？　これはクチクラと言いまして、丈夫な膜で覆われているんですの。これがありますから、薬を撒かれてもあんまりこたえませんわ。先に、在来の植物の皆さんが死んじゃうだけだと思いますわ。

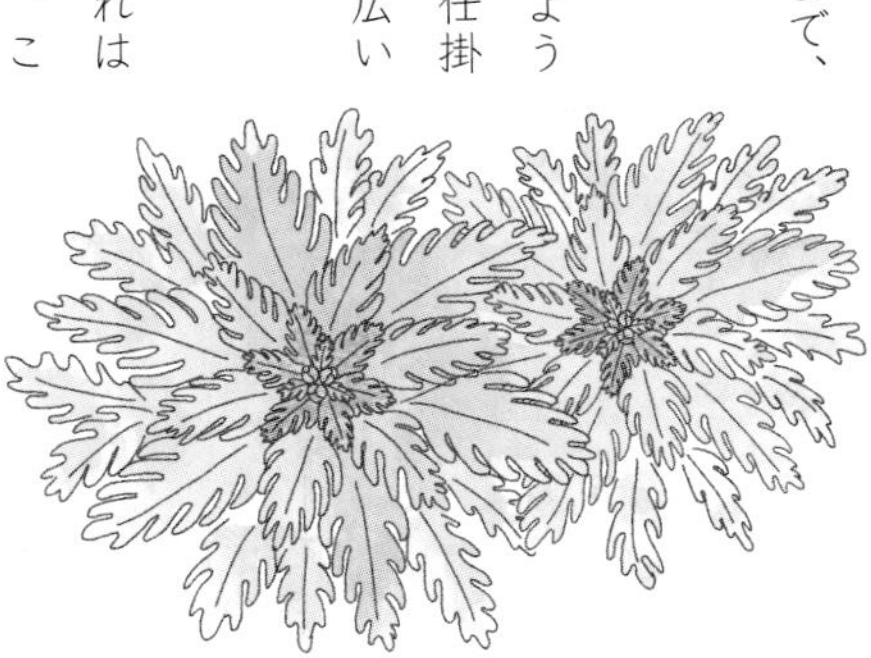

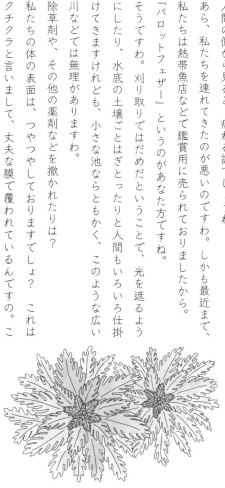

天敵は？

日本ではあまり怖いものはおりませんわ。ある種のゾウムシさんなどが私たちをかじったりいたしますけど、それで私たちが絶滅するかといったら、そこまでは。

私などは、人間の一部が食用にしようという試みをしたりもしています。あなたは人間に食べられたりは？

さあ。聞いたこともありませんね。

それでは、いまはとても暮らしやすいのではないですか？

そうですねえ・・・ただ、日本はやはり寒いですわね。私たちはもともとアマゾンで暮らしていたものですから。

他の方も申しておりましたが、地球温暖化が進めば、あなた方も、もっともっと分布を拡げることもできるのかもしれませんね。

そうですね。地球温暖化を強く祈念しておりますわ。まあ、放っておいても人間たちがどんどんやってくれるのではないでしょうか。電気をいっぱい使って、二酸化炭素を出して。そうしたら、私たちとしては万々歳です。

しかし、四方八方から同時にお答え頂いているので、なんだか頭がガンガンしてまいりました・・・

あら、申し訳ありませんね。でもおかげで、私たちの言うことがはっきり伝わったでしょう？

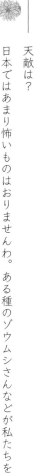

オカダンゴムシ

Armadillidium vulgare

ワラジムシ目オカダンゴムシ科　　原産地：ヨーロッパ
体長：10 ～ 15mm

いわゆる「ダンゴムシ」の中で、最も普通に見られる種。敵に襲われたり身の危険を感じると丸まってボール状になる。人間活動に伴って汎世界的に分布しており、日本には、明治時代以降に複数のルートで船の積み荷などに伴ってやってきたと考えられる。在来のコシビロダンゴムシより乾燥に強く、人家の周辺、農耕地などに幅広く生息している。

オカダンゴムシ

あんだあ?

すみません、少々お話よろしいでしょうか。

んん?　おめえ、誰だあ?

私、カミツキガメと申します。

おお、そっけえ。おめえがカミツキガメさんけえ。あたしゃ、水のもんはようわかんねえだがんよお。そっけえ。おめえがカミツキガメさんけえ。あたしゃもう三年も生きてるだけんが、初めて見たなあ。でっけえなあ。長生きはするもんだなあ。

ご挨拶遅れまして大変失礼いたしました。実は、オカダンゴムシさんも外来生物でいらっしゃるということなのですが。

そうだよお。あたしらオカダンゴムシはよお、昔から世界中に渡ってきてるだ。あたしらは何しろ世界的なんだて。

もともとはどこの国にいらしたのですか?

それがよお、よくわかんねえんだよ。あたしらの先祖は、おおもとをたどればヨーロッパあたりだっちゅうことだけんが、日本には、明治くれえになって、いろんな道のりで船の荷物なんかにくっついて入ってきて、入ってきてから繁殖して混ざっちまっただから、いまはもうあんだがんよくわかんねえ。

それまで、日本には在来のダンゴムシというものはいなかったのですか?

あいよお。コシビロダンゴムシっちゅうのがいたみてただけどよお、もともとそんなにたくさんはいなくて、しかも人里にはあんまり住まずに森に住んどったみてえだよ。ほいで、あたしらは人里の近くにどんどん拡がっただ。あたしも、それに貢献してるだよ。毎年100個は卵を産んできただからな。

――日本以外の国々にも、そんなふうにして拡がっていかれたのですね。

あいよお。

――ダンゴムシさんと言えば、よく、ワラジムシさんと混同されると思うのですが、それについては？

あんだおめえ、見てわかんねえか。全然違うじゃねえかよお。あいつらはよお、何かっちゅうと走って逃げるだろ？　下品なんだよ。そこへいくとあたしらはその場に丸まるだ。上品だて。

――はあ・・・

それに、あたしらのこの甲羅を見てみなよ。つやつやしてるだろ？　ほれぼれと撫でさすりたくなるような形だろ？　ワラジムシどもの甲羅は、つやもなくてがさがさしてるだ。おめえも甲羅があるいきものなら、あたしらの位の高さの違いがわかんねえけえ？

――まあ、確かにオカダンゴムシさんの甲羅はつやつやしていらっしゃいますが・・・

ワラジムシどももよお、外来のと在来のといるだよ。まあ、所詮は人間どもに、「不快害虫」とか何とか言われてあっちこっちで薬で殺されちまうんだけどよお。

害虫と申しますが、ダンゴムシさんもワラジムシさんも、有機物を分解して、地面を耕して良い土をつくる役割を果たしていますよね。まあ、確かに畑の新芽などダンゴムシさんがかじるということもあるかもしれませんが・・・

そういうことじゃねえんだよ。「不快」だっちゅうんだから、どうしようもねえよ。話はそこで終わっちまうんだよ。あたしらが5メートルもあったら、人間どもを踏みつぶして、そこらへんの動物のうんこかなんかに混ぜて食ってやるところだて。

「不快」だからといって、命をとるということが本当にいいことだと思っているとしたら、それは許せませんよね。

まあ、甲羅のねえやつらに、あたしらの値打ちはわかりゃしねえんだよ。あたしらをよく食べるカエルだのトカゲだの、みんな甲羅がねえじゃねえか。甲羅がねえいきものなんて、うすみっともねえだけだよ。おめえは話がわかりそうだなあ。なかなかいい甲羅をしてるじゃねえか。

ありがとうございます。甲羅をほめられたのは初めてです。

いやあ、なかなか色気のある、いやらしい甲羅だよ。いいなあ。うらやましいなあ。イッヒッヒ。

オオクチバス

Micropterus salmoides

スズキ目サンフィッシュ科　原産地：北アメリカ
全長：30 ～ 50cm

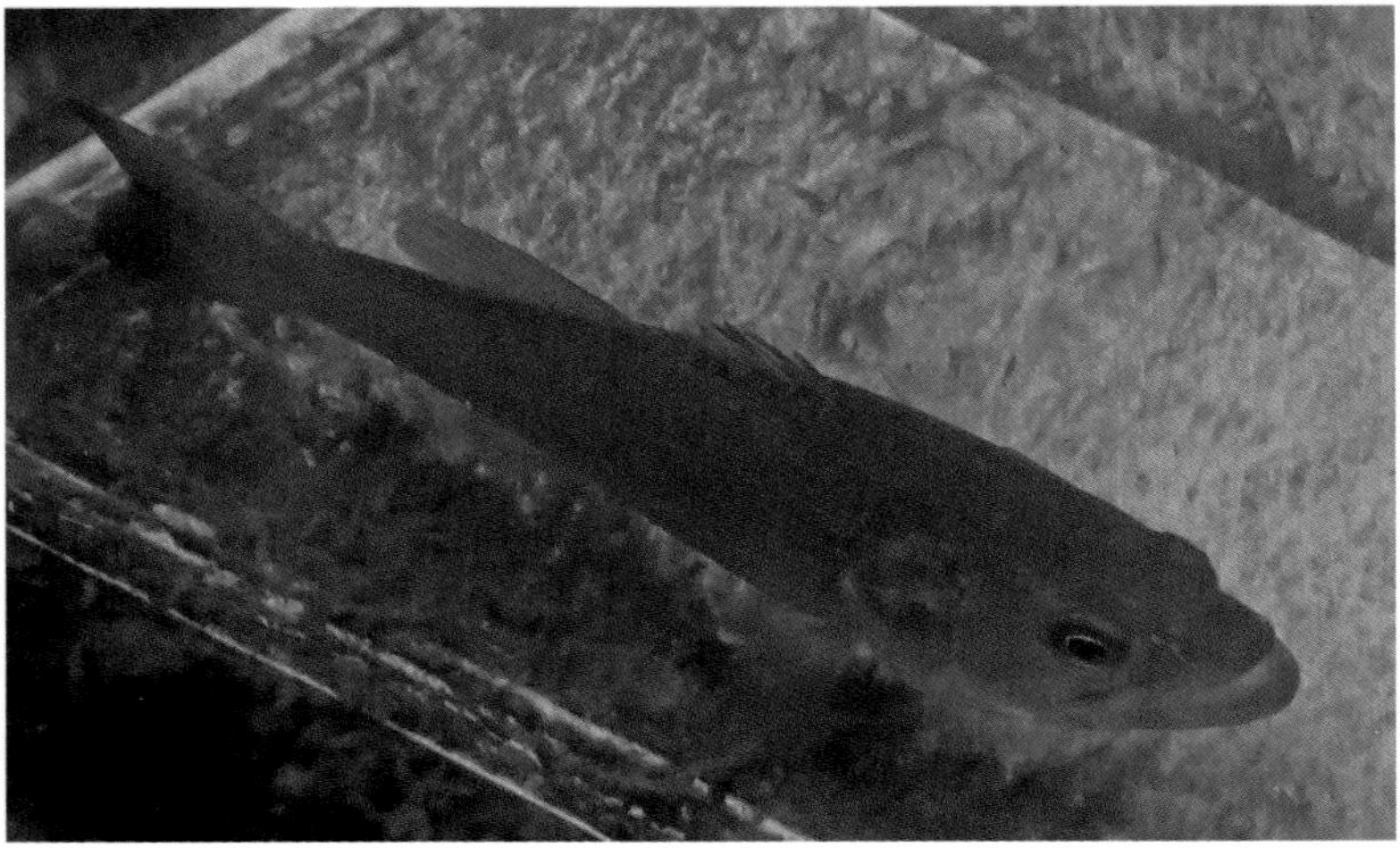

コクチバス、フロリダバスとあわせて「ブラックバス」と呼ばれる。日本での生息数はその中で最も多い。1925 年、箱根の芦ノ湖に持ち込まれ、人為的な放流により全国に分布を拡大した。肉食性で在来水生生物に影響を与え、国際自然保護連合が定める「世界の侵略的外来種ワースト 100」のひとつにも選定されている。2005 年、特定外来生物に指定された。300 万人とも言われるバス釣り人口と産業をその背景に持つ。

オオクチバス

・・・やあ。

なんだか体調がお悪そうですね。

体中ボロボロだよ。あまり長くは喋れないかもしれんが、すまんな。

どうなさったのですか？

釣られたんだよ。見ろよ、この顎。不器用な人間に釣られて、針がとれないから無理矢理引っ張られた。顎がもげるかと思ったぜ。

わあ、ひどく化膿してしまっていますね。でも、顎以外にもあちこちお悪そうですが・・・

ああ。人間に掴まれたときに体中火傷したし、熱いアスファルトの上に置かれてまた火傷した。水から上げられてる時間が長かったから呼吸もできなかったし、それ以前にずっと格闘してたから過労で動けねえ。もうダメだ。

両生類や魚類のみなさんは体温が低いし、我々と違って鱗や毛がないですから、人間に素手で触られるとそれだけで火傷してしまうんですよね・・・

魚を釣る奴には二種類いる。釣って食う奴と、釣って放す奴だ。俺が釣られたのは放す奴だった。

それは、不幸中の幸いというか・・・

そうでもねえな。これから死ぬからな。もう食欲もねえ。実は・・・何日か前にも一度釣られて、おんなじような目に遭った。間を置かずに二度釣られるのはさすがにしんどい。

カメでも、釣られて針を呑んでしまってあとで死ぬものがいます。

それは魚でもあるよ。それをやると長いこと苦しんで死ぬはめになるんだ。

お弱りのところに大変ぶしつけな質問をして申し訳ないのですが・・・釣られないようにすることはできないのですか？

ほんとにひどい質問だな。それができないから困ってるんだろうが。おまえらだってしょっちゅう釣られたり、網で捕られたりしてるじゃねえか。

そうですが、他のカメは捕られても、私は捕られない自信があります。

バカたれ！　みんなそう言うんだよ。俺だって、はじめて釣られるまではそう思ってたよ。

それでは、一体なぜそうなってしまうのでしょう？

まあ・・・今回、もういよいよくたばるっていう段になって、俺も考えたよ。結局、いきものってのは欲望、欲求に引っ張られてしまうんだ。

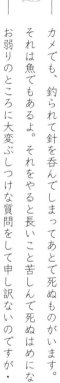

欲望、欲求ですか。

俺たちだったら、食いたいっていうのはその中の最たるものだよな。うまそうな食べ物を見たら食いつかずにはいられないんだ。そこでな、人間は人間で、欲求

オオクチバス

を持ってるわけだ。ところがこれがやたら複雑で、食いたい、やりたい、眠いの他にも、なんかいろいろあるわけだ。俺は考えたんだ。奴らは魚を釣って楽しむとか、他のいきものをペットにして楽しむとか、そういう、俺たちからしたら意味のわからない残酷なことを平気でやるだろう。それも奴らの欲求なんだ。欲求がベースになってそういうことをしてるから、やめられないんだと思うんだ。そういうことをして楽しみたいんだよ。しかも、人間には俺たちにはない、金っていう変なものがあるだろう。他の奴に欲求をどんどん持たせてそれを金にすることができるから、人間はいろんなわざと欲求を作り出して、やめられないように仕向けるんだ。俺は、もうじき死にそうだっていうことになったら、そういうことがよくわかってきたよ。もっと長生きできたら、他の魚にそういうことを教えてやるのにな・・・。けど教えてやってもダメだろうな。みんなそれでも針にかかっちゃうだろうな。我慢できないから欲求なんだもんな。顎に穴を開けられて、全身火傷して、息ができなくなってはじめてわかるんだ。俺たちで欲求を満たしてる人間たちも、いつか思い知るときがくるぜ。だから・・・ああ、なんだかふわふわしてきたな。卵から生まれたときみたいだ。気持ち良くなってきたな・・・

お別れのときが来たんですね。お話できて嬉しかったです。

俺もだよ。聞いてくれてありがとう。さよならだな。腹減っただろう？　俺の息がとまったら・・・俺のこと、食べてくれよな。

ガビチョウ
Garrulax canorus

スズメ目チメドリ科
全長：20 ～ 25cm

原産地：中国南部～東南アジア

中国では飼い鳥としてポピュラーな存在で、日本にも鳴き声を楽しむために輸入されていたが、かご抜けや放鳥により野生化した。現在では東北地方南部以南に幅広く生息している。主に低木林や藪に暮らし、地上で採餌する。営巣や採餌をめぐって在来鳥類に影響を与える可能性があり、2005 年、特定外来生物に指定された。日本の侵略的外来種ワースト 100 のひとつにも選定されている。

【写真提供：中込　哲氏】

―ガビチョウ、というのは面白いお名前ですよね。ガビガビとお鳴きになるのですか？

君は何を言っているんだね。見当違いも甚だしいよ。漢字で書くと「画眉鳥」さ。この目の周りの白い模様が眉のように見えるだろう。

―なるほど。では、お声の方は・・・

聴いてみたいかい？　ちょっと鳴いてみせようか。♪♯♪♭♪♯～

―わあ、美しいお声ではないですか。

だからこそ、ふるさと中国では昔から広く人間に飼われて、鳴き合わせなどをさせられてきたんだよ。日本にもそれで輸入されたんだが、日本人は僕らの声をあまり快く思わず、しまいには「うるさい」などということになった。それで僕たちは業者の不良在庫となり、野外に放されて拡がったんだ。今はもう特定外来生物に指定されたから、これ以上輸入されることはないけれど、関東より南なら僕たちも冬を越すことができるから、まあなんとか生きているよ。

―人間が動物を飼うというのは、姿を楽しんだり慣れさせて芸をさせるのが楽しいのだと思っていましたが、声を楽しむというパターンもあるのですね。

あるとも。日本に昔からいる鳥でも、ウグイスやメジロやホオジロなんかはそうして人間に飼われてきたんだよ。

―確かに。飼われているのを見たことがあるような。

カスミ網やなんかで捕まえられて、籠の中でただひたすらに歌をうたわされるの

さ。いまは法律で、ウグイスもメジロもホオジロも、捕るのも飼うのも禁止されているが、それでもこっそり捕って飼って、鳴き合わせをさせている人間たちがまだいるんだ。

人間が自分たちで禁止しても、それを破る人間がいるということですか。

そうさ。いきものを捕ってはいけない、飼ってはいけない、輸入してはいけない。人間が人間同士で定めた、そういう決まりはごまんとある。いちばん有名なのはワシントン条約だろう。日本国内だったら、ちょっと考えつくだけでも種の保存法、鳥獣保護法、外来生物法、その他もろもろ。それでも、人間は、自分の楽しみのためとお金を得るためなら平気でそれを破る。僕たちがこの国で野に放たれたのは、法律で飼うことが禁止されたからではなくて、この国では僕たちを飼うことが人間の楽しみにならなかったこと、従って僕たちを売ることがお金にならなかったことが原因だ。例えば最近は日本でコツメカワウソが人気で、日本向けの違法捕獲や密輸が横行していた。こんどワシントン条約でコツメカワウソの国際取引は禁止になったが、若い人間たちに、コツメカワウソを飼うのは良くないことであること、それがお金にならないことをしっかり教えなければ、ある種の人間は必ず抜け道を探し出す。そうなったら、違法捕獲も密輸もやむことがないだろうし、いつかコツメカワウソ自体が日本の野外に放たれてしまうかもしれない。いや、まさかとは思うけれど、もうそういうことはどこかで起きているかも

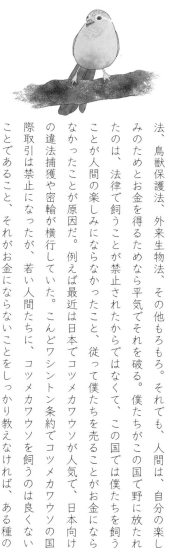

しれない。

ガビチョウさんは、法律や時事のことにもお詳しいのですね。

高いところからものを見ているからね。

そこでいつもうらやましく思うのですが、鳥類のみなさんには翼があります。

それはもちろんあるとも。

鳥類のみなさんの中には、何千キロも渡りをする方もいらっしゃると聞きます。中国と日本程度の距離は、もともと飛んでお渡りになることができたのではないですか？　人間に輸入されなくても、もともと日本にいらしていたということはないのですか？

いや、カミツキガメ君、そう単純な問題ではないのだよ。渡りをする鳥としない鳥では、飛び方も翼のつくりも違うんだ。僕たちは木の上に飛び上がったり藪の中を飛び回ったりするのは得意だけれど、見てみたまえ、この丸い小さな翼では、上昇気流に乗って遠くへ行くことなんてできっこない。渡りをすることはできないんだよ。僕たちは原産地では留鳥、日本に連れてこられても留鳥になるしかないんだ。

鳥だからといって、どこにでも行けるわけではないのですね。

いきものはみんな、自分たちの運命で定まったところで暮らしているんだよ。本当は、ね。

クリハラリス

Callosciurus erythraeus subspp

齧歯目リス科
体長：20 ～ 25cm

原産地：台湾、中国南部～東南アジア

在来のニホンリスよりやや大きい。森林の他に市街地など様々な環境に適応する。1935 年に伊豆大島動物園から逸走したのが国内における野生化の最初で、現在では神奈川県以西の複数の地域で定着・繁殖している。ニホンリスや小型鳥類とは生態学的に競合し、また樹皮や果実などへの食害、家屋や電線を齧るといった人間生活への被害ももたらす。2005 年、特定外来生物に指定された。

クリハラリスさんは、タイワンリスと呼ばれることが多いと思うのですが、まずそのお名前について教えてください。

ああ、それはね、種としてのクリハラリスの中で、台湾に住んでる亜種がタイワンリスなのね。うちら日本に連れてこられたのはそのタイワンリスだから、うちらはタイワンリスで、でも同時に広い意味ではクリハラリスでもあるわけ。

なるほど。では、最初に日本に連れてこられた目的というのは・・・

まず、動物園で飼われてたの。１９３０年代。ほら、当時はまだ台湾が日本統治下だったじゃん？　だから、そこからね。

日本のどちらに？

伊豆大島。

伊豆大島ですか！　そうすると、キョンさんと同じですね。

うん。うちら、台湾がふるさとだから。伊豆大島では他に、タイワンザルさんも台湾から連れてこられて、あとで逃げて野生化してるよ。

しかし、基本的なことですが、伊豆大島は島であるわけですよね。

当たり前じゃん。

なぜ、そこから脱け出して日本本土のあちこちに野生化することができたのでしょう？

まず伊豆大島の動物園にいたリスとか、あと伊豆大島で特産品のツバキの実を食べるってんで捕獲されたリスとかが、いろんな他の地域の施設に移されて、そこからまた逃げ出して増えたんだ。あと、伊豆大島のとはまた別の機会に連れてこられてたタイワンリスの系統もあったし、それにタイワンリスじゃない、中国大陸由来の別のクリハラリスの系統も連れてこられてたみたいで、それぞれいろんなところから逃げて野生化したんだよ。

ちなみに、ここ鎌倉で暮らしているあなたの場合はいかがですか？

それはね、伊豆大島から江ノ島に連れてこられて、江ノ島から逃げて拡がったんだよ。鎌倉のタイワンリスっていえば、印旛沼のカミツキガメと同じくらい有名でしょ？

いまではどちらも人間に駆除される対象ですね（苦笑）。カミツキガメは冷凍庫で凍らされて安楽死なんですが、失礼な仮定ですが、クリハラリスさんは、もしも人間に捕まったらどうなるのですか？

他の哺乳類の場合と同じかな。炭酸ガスで殺されるんだよ。まあ、それについては、あんたたちカミツキガメさんとかに申し訳ないなと思ってるとこもあるんだよね。

それはなぜですか？

日本の生態系や人間の暮らしに与える害っていう点だったらさ、樹皮を剥いで枯らしたり電線を齧ったりニホンリスや在来の鳥をおびやかしたりしてるうちらの方がさ、はっきりとしたインパクトがあるわけよ。でもうちらは哺乳類だし、人間の感覚だと姿がかわいいってことになってるもんだから、人間の中でも、捕獲に反対したり、食べ物をよこしたりするのがいるでしょ。そういう人間は、うちらと人間が共存できる社会なんて言ったりするけどさ、カミツキガメと共存できる社会なんて言う人間、ほとんどいないよね。言っちゃなんだけど、あんた顔がおっかないからね。まあ、うちらが人間と共存したいかって言われたら、それはまた話が別だけどね。

そのお気持ちに感謝します。でも、私も長いこと生きて、人間のそういう部分には慣れました。

そう？　さすがだねえ。

ところで最後に一つお尋ねしたいんですが、江ノ島も島ですよね。鎌倉にどうやって？

それはね、台風の夜に逃げ出して橋を渡ったんだよ。ご先祖様頑張ったよね！　自由が欲しかったんだろうね。橋の向こうに渡って、自由に暮らしたかったんだろうね。そこがここだよ。うちらには、もう自由を求めて渡る橋もないのさ。

グリーンアノール

Anolis carolinensis

有鱗目イグアナ科　　原産地：アメリカ合衆国南東部
全長：12 ～ 20cm

樹上性のトカゲ。日中に行動する。体色は基本的に緑色だが、ごく短時間で変化させることができる。1960 年代に小笠原諸島の父島に持ち込まれ、80 年代には母島や沖縄本島にも移入された。父島と母島では多くの小笠原固有の昆虫の生息に壊滅的な打撃を与えた。2005 年、特定外来生物に指定された。日本の侵略的外来種ワースト 100 のひとつにも選定されている。

【写真提供：中込　哲氏】

――グリーンアノールさんというのは緑色だと思っていましたが、褐色でいらっしゃいますね。

ああ、変えてたの。

――変えてた!?

ちょっと待って。今、戻すから・・・

――・・・わわっ、もう緑になりましたね！　まだ1分も経ってないですよ！

速いでしょ？　俺たち、別名「アメリカカメレオン」って言われてるんだけど、ぶっちゃけ体色変えるのカメレオンより速いよ。

――ということは、やはりルーツはアメリカで。

そうだね。南東の方。

――私たち、先祖同士は顔見知りだったんですね。

そうだね。俺ら木の上、あんたら水の中だからあんまり深いかかわりはなかったかもだけど。

――日本に連れてこられたのはどっちが早かったんですかね？

俺ら1960年代以降。

――そうすると、だいたい同じくらいかな？

そうだね。でも俺らは米軍の物資とかに紛れて小笠原に野生化したから、そこでもあんたらとはあんまりかかわりがなかったね。

――私もはじめてここ小笠原にやってまいりましたが、ずいぶんグリーンアノールさんをお見かけします。いったい何頭くらいいらっしゃるのですか？

はっきりとはわからないけどね。この父島だけで数百万頭はいるね。

――す、すうひゃくまん!? あ、あの、父島の面積はいかほどでしょうか？

23・45平方キロだよ。

――そこに数百万ですか・・・私たちカミツキガメなど、印旛沼水系全部で1万何千くらいですから、想像を絶する数ですね・・・

おかげさまでね。

――一方、オガサワラシジミをはじめとする希少な昆虫類を絶滅に近い状態に追い込み、在来生態系に大きなダメージを与えているということが問題視されていらっしゃいますね。

それはねえ・・・島だからね。

――島。

俺らは天敵いない。もとからいる虫たちは俺らに慣れてないから簡単につかま

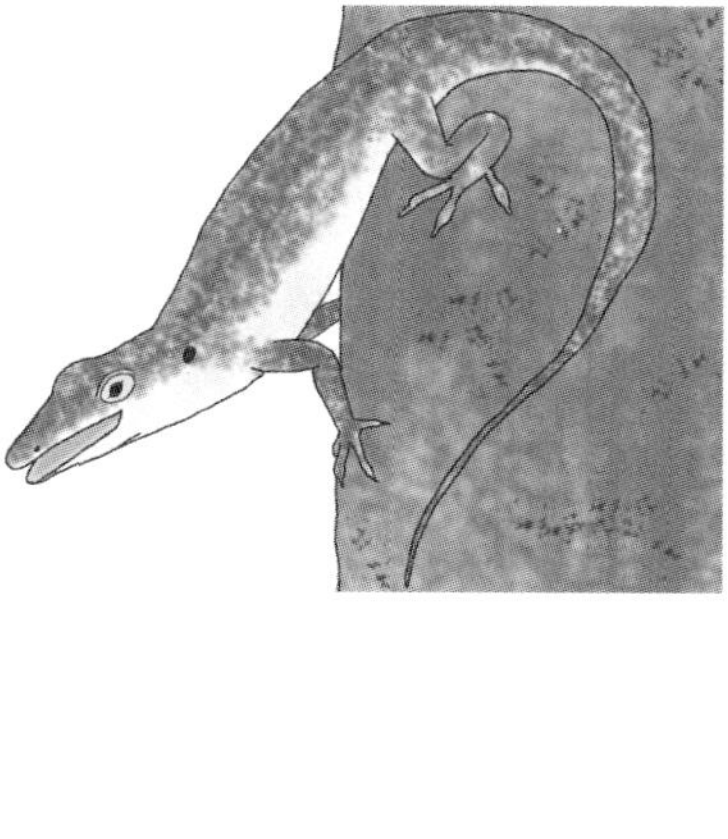

る。しかもその島にしかいないから、いなくなってもよそから補充されない。それは・・・減っちゃうよね。気の毒だとは思うけど。

―　最近では、グリーンアノールさんは沖縄本島などでも増加しているということですね。

だからさあ・・・言いたいのは・・・要するに、勝手に俺らをいろんなところに連れて行くなと・・・まあ、あんたもわかると思うけど、別に行きたくて行ったんじゃないわけよ。俺らのご先祖様は平和にアメリカで暮らしてたわけよ。それがなんか、荷物に紛れてとかペットとかさ・・・俺らは悪者にされる。もとからいた虫たちは俺らに食べられていなくなる。生態系はシッチャカメッチャカ。それを俺らのせいにされても困るわけよ。俺らをそこに連れてったのは誰だって話なんだよ。一番悪いのは誰なんだって話なんだよ！

―　お怒りはよくわかります。

人間もさ、かわいそうだと思う時があるよ。だって、生態系を守るためっていって俺らを殺してる人間たちと、俺らをそこに連れてって放り出した人間たちとは、いつも違う人間だもん。俺らを連れてって逃がした人間たちが責任とって俺らを駆除しようとしたなんて話は聞いたことがないからね。片っぽで放し続けて、片っぽでそれを抑えようとしてる。変ないきものだよね、人間って。

―　変ですよね、ほんとに。

セアカゴケグモ

Latrodectus hasseltii

クモ目ヒメグモ科 **原産地：オーストラリア**

体長：♂ 3 ～ 6mm、♀ 7 ～ 10mm

成熟した雌の腹部にはよく目立つ赤い斑紋がある。神経毒を有する毒グモだが、日本国内での死亡例はない。建物や人工物の隙間などに棲み、不規則な網を張る。日本では 1995 年、大阪府で最初に発見され、のち全国に拡がった。2005 年、特定外来生物に指定された。日本の侵略的外来種ワースト 100 のひとつにも選定されている。

セアカゴケグモ

こんにちは。はじめてお目にかかります。

コニチーワ、ハジメマシテ。えー、ゴメンナサイ、イジメナイデクダサイ。

大丈夫ですよ。今日はお話を聞きにきたんです。謝ったりなさらなくていいんですよ。

アリガトゴザイマス。カミツキガメさん、センパイ・・・カミツキガメさん日本来た、１９６０年代、たいへん古い・・・私たち、90年代来た、とても新しい。まだ、うまく話すことできない。ゴメンナサイ。

いいえ、お話しできる範囲で結構ですから。それに、私なんかよりもっと古くからいらしている外来のいきものもたくさんいますよ。明治時代や、その前も。

えー、とても尊敬しますね。古い、年寄り、昔、遅れてる、生き残ってる、偉いですね。

私たち外来生物は、ペットや食用や、その他の様々な理由で人間にこの国に連れてこられました。セアカゴケグモさんはどのように？

ペットない、食用ないですね・・・ですけれども、来たくて来た、ないですね。えー、むずかしいですね・・・

偶然いらしたということでしょうか？

あー、それですね！　偶然だったですね。長い、船の旅ですね。港に着き、おろされたですね。そこからまた運ばれ、拡がったですね。

——いまは日本全国のほとんどの都道府県に生息していると伺いました。セアカゴケグモさんは毒がおありだということで、それが特定外来生物に指定されて駆除の対象となっている理由ですよね。

えー、毒、すくないですね・・・私たち、獲物捕るときに毒使うですね。虫捕るですね。人間、虫より大きいですね。だから人間、死なないですね。日本、もっと怖い、毒ある虫さん、いるですね。スズメバチさん強い・・・たいへん強い。刺す、人間死ぬ。

——原産国でいらっしゃるオーストラリアでは、セアカゴケグモさんに関しても、人間の死亡例もあると伺いました。

それ、昔の話ですね。・・・血清、昔なかったですね。今ある。血清できてから人間あまり死なないですね。そのかわり人間、私たち殺すですね。私たち人間に踏み潰される、薬かけられる、血清ないですね。死ぬですね。だからおびえて暮らすですね。

——セアカゴケグモさんは有名ですが、一緒にハイイロゴケグモさん、クロゴケグモさん、ジュウサンボシゴケグモさんも特定外来生物に指定されていますね。

ソウデスネ。みんな偶然来たですね。来たくて来た、ないですね。帰りたい、帰れないですね。あと・・・今日、カミツキガメさん、来てくれた。話、聞いて

もらいたいことひとつありますね。

何でしょう。是非おっしゃってください。

あの・・・私たち、よそから来た。毒ある、生態系乱す、いてはいけない、殺される。それ、まだ話わかりますね。悲しい悲しい、悔しい悔しい、私たち何も悪いことしてない、けれども全部ほんとですね・・・けれどもけれども、嘘のことありますね。ほんとじゃないことありますね。私たちのこと、人間噂する、記者、テレビ、インターネット、載せるですね。私たちの名前、人間みんな覚えるですね。覚えると怖がるですね。怖がるけれども、詳しいこと知らないですね。だから、私たちと間違われ、違ういきもの、人間に殺されるですね。それ悪いですね。非常に非常に、悪いですね・・・他の種類のクモ、ザトウムシ、ダニ、よく間違えられ人間に殺されるですね。ゴメンナサイゴメンナサイ思う・・・他のいきものたち悪くないですね。日本もともといた、古い、立派ないきものですね。私尊敬するですね。人間、長いこと日本に暮らした。けれども他のいきものに尊敬ない。昔はもっと尊敬があったと聞いているですね。今ないですね。全然ないですね。なぜもっと尊敬し知ろうとしない、思うですね。人間、いきもののことよく知っていれば、外来生物、この国に来なくて良かったかもしれないですね。みんな幸せだったですね。それ、私非常に言いたいことですね。人間、もっと知れ言いたいですね。

アフリカツメガエル

Xenopus laevis

無尾目ピパ科
体長：6 ～ 13cm

原産地：南アフリカ

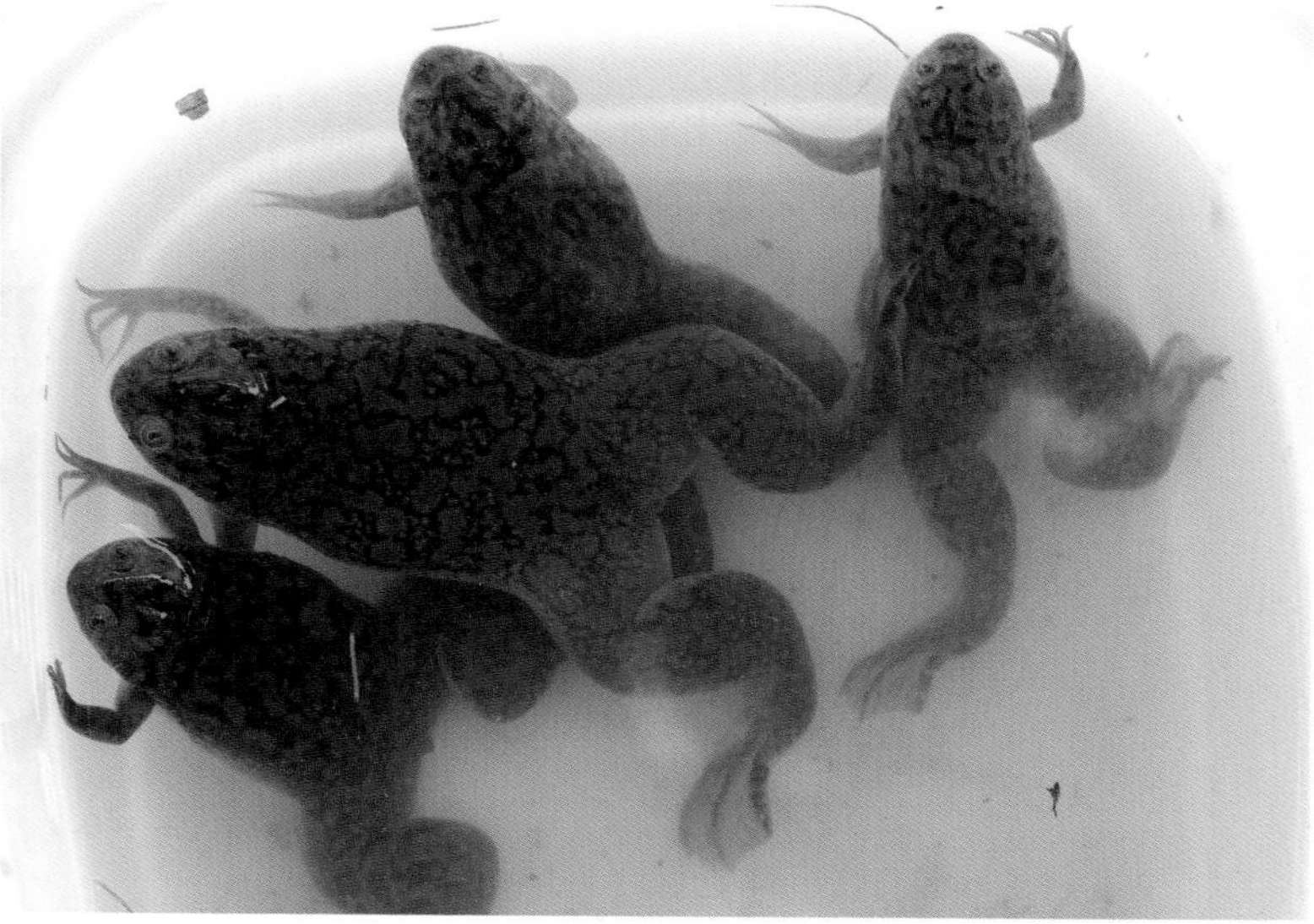

成体は扁平な体を持ち、完全な水生で、一生の間、陸に上がることはない。オタマジャクシはナマズに似、魚類のような姿をしている。日本には1954 年に江ノ島水族館で飼育されたのが最初であるが、飼育が容易で、季節を問わずホルモン注射により産卵させられることなどから、60 年代以降に実験動物として大量に輸入された。

【写真提供：大木淳一氏】

——我々外来生物の中でも、アジアやアメリカと比べて、アフリカからいらした方は比較的に少ないと思うのですが。

その通りであります。

——日本の冬は厳しくはありませんか？

はい、自分たちの祖先の地は南アフリカであります。南アフリカは地中海性気候に属しており、冬はかなり温度が下がるのであります。従いまして、自分たちは関東地方でも野外での越冬が可能なのであります。

——それでは、気候以外のことでアフリカをお思いになることがありますか？

ありません。アフリカには行ったことがないので、思うこともできないのであります。私の故郷は別のところであります。

——別のところとはどういった場所でしょうか？

はい、水槽の中であります。自分は水槽の中で生まれ、オタマジャクシからカエルに育ったのであります。そこで一緒に育った両親や仲間たちのことは、よく考えるのであります。

——そうですか。ご両親やお仲間のみなさんは、いまはどこにいらっしゃいますか？

はい、どこにもいないのであります。両親や仲間たちは、あるいはホルモン注射をされて産卵し、あるいは様々な実験に使用され、あるいは解剖され、あとは冷凍され、焼却されてこの世から消滅したのであります。仮にいまは消滅していなくとも、そのような運命をたどるのは確実でありますので、消滅したも同然なのであります。

――そうですか・・・。あなたはどのようにして生き残られたのですか？

はい、脱走であります。万に一つの機会と幸運をつかみ、雨の降る日に蓋の空いていた水槽から飛び出し、排水溝から流れ落ちて野外に達し、この池に至ったのであります。その折にごく少数の仲間が同道し、繁殖いたしました。それが現在の自分たちの個体群なのであります。

――その後、他のお仲間の皆さんは逃げてくることはなかったのですか。

ありません。自分たちの逃亡により、施設のセキュリティは堅固となり、事実上、二度と脱出することはかなわなくなったのであります。従って、施設に残してきた皆の運命を決してしまったのは、自分たちの責任なのであります。自分たちが彼らを殺したのであります。

――そんなことはありません。皆さんを殺し、利用しているのは人間です。あなたは罪の意識をお持ちになる必要はありません。次の世代のために、今後のことを考えるべきです。

ありがとうございます。しかし、自分には今後のことを考えるのは難しいのであります。今後のことを考えて生きるような育ち方をしてこなかったのであります。ただ、自分たちは生き残りたいのであります。ただただアフリカツメガエルらしく生き残りたいのであります。

本来のアフリカツメガエルらしく。

はい。ですが、アフリカツメガエルらしく生きるということがどういうことなのか、水槽で人間に餌をもらって育った自分にはわからないのであります。自分たちの子供や孫が、それを見つけてくれればいいと思うのであります。

アフリカツメガエルさんは、様々な国で、実験動物として飼われていたものが脱走なさって野生化しているとお聞きしました。きっと、世界のあちこちに、そのお気持ちを共にしていらっしゃる方がいるはずです。

ありがとうございます。自分もそのように聞いておりますが、そのような境遇にある自分たちの同胞が、カエルツボカビ症を野外に拡散し、現地の数多くの両生類の生存を脅かしているとも聞きました。一度先祖の地を離れた自分たちには、もはや安住の地はないのであります。

それは、多くの外来生物の皆さんが共通して持っている思いでもあります。

ありがとうございます。自分たちには帰りたい場所も住みたい場所もこれから行きたい場所もなく、ただその日を苦しみとともに生きるしかないのであります。

ヨコヅナサシガメ

Agrisphodrus dohrni

カメムシ目サシガメ科　　原産地：中国、東南アジア
体長：16 〜 24mm

黒と白のコントラストがよく目立つ、大型のサシガメ。樹上で生活し、チョウ目の幼虫を中心に様々な昆虫を捕食する。幼虫は時に数百匹にも及ぶ集団で越冬する。日本に移入されたのは昭和初期で、貨物に紛れてきたものと考えられている。かつては西日本でしか見られなかったが、20 世紀末から関東地方にも進出し、現在では首都圏では極めて普通に見られる昆虫となった。

サシガメさんというのは、お名前に「亀」が入っていらっしゃいますね。

へい。「刺す」「亀虫」ってえことで、「刺亀」なんでごぜえやす。

刺すというのは、どのように・・・

へい。この口、口吻っていうんですが、それでこう、ブスッと突き刺すんでごぜえやす。獲物を突き刺して、それでもって中身を吸い取るんでごぜえやす。

なるほど、カメムシさんというと植物の中身を吸っていらっしゃるイメージですが、肉食で同じことをやるわけですね。

へい。まあそんなところで。

肉食のカメムシもいらっしゃるというのは、失礼ながら今回初めて知りました。

そんなに珍しいあれじゃあねえんで。アメンボやらタイコウチやミズカマキリにタガメ、あいつらもみんなカメムシ目なんでさあ。

あっ、あの方たちなら存じております。あの方たちもカメムシの仲間なんですね！

へい。みんな広い意味で言えば兄弟分なんでごぜえやす。

それでは、「ヨコヅナ」というのは・・・

へい、「横綱」でごぜえやす。横綱ってえのは、この国の人間がする相撲ってえのがありまして、まあとっくみあって遊ぶみてえなもんでやんすが、それの強いのを横綱っていうんでやんす。あっしは他のサシガメに比べると図体が大きいもんで、そういう名前なんでごぜえやす。

しかしあなたたちの一族は、もともとこの国のものではないのですよね。

へい。大陸の方から参りやした。なんでも昭和の初めごろ、何かの貨物にくっついてやってきたということでござえやす。長らく九州から関西の方におりやしたが、この20年ばかり、関東にもやってまいりやした。

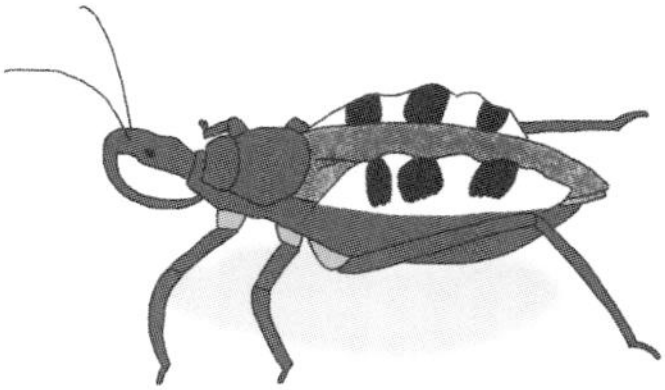

お名前も「横綱」。都会に多くて、サクラの木ですとか目につく場所によくいらっしゃる。けれども外来種というのも少し意外な感じがいたしますね。

今日び、都会なんてところは外来種の集まりでさあ。年々、新顔が増えてまいりやす。あっしなどはその中では古株の方になりやした。あっしらは普段、木の上で、ヒロヘリアオイラガですとかアメリカシロヒトリですとか、もっぱらそういうような連中を刺し殺して食べるのをなりわいにしているんでやすが、あの連中も外来種でござえやす。

田舎も同じですよ。私などもアメリカザリガニさんをよく食べておりますし。

まあ、この国の自然なんて、一皮むけばそうなってますわねえ。おまけに温暖化が進んでますからね、あっしらの一党は、いまでは東北地方まで移民しておりやす。

在来のサシガメというのはいらっしゃるのでしょうか?

おりやすよ。例えばオオトビサシガメなんてえのは、あっし以上に体がでかいし、まあ、でけえのから小せえのまで、いろんなのがおりやす。

ヨコヅナサシガメさんの一族が勢力を増すことで、在来のサシガメを圧迫するというようなことはないのですか？

・・・どうですかね、あるのかもしれねえですね。在来のサシガメでも、ヤニサシガメやシマサシガメなんて奴らは、あっしらと同じようなところで暮らして、しかも図体が小せえですからね、住みにくくなってるかもしれねえですね。でも、あっしにはかかわりのねえことでござえやす。あっしらだって食っていかなきゃいけねえんで。しのぎがかかってるんでさ。いまさら海を渡って大陸に帰れって言われてもそれは無理でござえやす。

最後にお聞きしたいのですが、サシガメさんは口吻で突き刺すということですけれども、捕食以外の目的でも刺すことはあるのですか？　また、刺されるとどうなるのでしょう？

へい。あっしらは獲物を始末するとき以外にも、敵から身を守るためにも刺すことがござえやす。あっしらは体外消化といいやして、突き刺しておいて獲物の体の中に消化液を注入して、中身を溶かして吸いとるんで。だから、自分で言うのもなんですが、あっしらに刺されると痛えですよ。どうぞ手を出さねえでおくんなまし。

コブハクチョウ

Cygnus olor

カモ目カモ科
全長：150cm
原産地：ヨーロッパ、中央アジア

オオハクチョウやコハクチョウよりも大きい。嘴が橙色で、成鳥では基部に黒いコブ状の突起がある。世界中に人為的に移入されており、日本には1952年に初めて皇居外苑の濠に放たれた。その後も各地に放鳥され、野外で繁殖して分布を拡大した。大型の水鳥であり、水草を食べ、岸辺に植物で巣を作ることから他の鳥類や水生植物への影響が懸念される。近年ではイネへの食害も発生している。

初めにこれを見て頂けますか？

はあ、人間の新聞記事ですか・・・え、「ハクチョウへの餌やりを注意された男、ノコギリを振り回し逮捕」な、なんですか、これ！？

それは２０１９年の秋に実際に手賀沼で起こった事件です。私は人間と太い関係があるということが申し上げたかったのです。私個鳥《こじん》としては何を書いて頂いても構わないのですが、私たちに不利益なことを書くと、人間が何をするかわかりませんので、それをご承知の上で質問して頂けたらと思います。

ご心配なく。私はもともと、徹底的に防除される身ですので。

そうですか。それはお気の毒です。

それでは、インタビューに入らせて頂きます。まず、コブハクチョウさんが日本に最初に移入されたのは１９５２年ということなのですが。

はい。皇居外苑のお濠に放たれました。カミツキガメさんはどちらのご出身でしたっけ？

印旛沼です。

そうですか。私はもともと皇居のほうです。

それ以前には、ヨーロッパや中央アジアに自然にお暮らしでおられたかと思うのですが。

記憶にございません。

―オオハクチョウさんやコハクチョウさんは越冬のためにこの国に渡ってまいりますが、コブハクチョウさんは自然に渡っていらっしゃることはなかったのですか？

ほぼ、ございません。私たちは自分で来たわけではなく、望まれてやってきました。皇居以外にも様々な水域に放たれました。私たちがいること自体がありがたいという人間の見解です。

―素朴な疑問なのですが、そのように放鳥される際には、飛べないように羽を切られているかと思うのですが、その後どのように分布を拡大してゆかれたのですか？

それは少し考えれば誰にでもわかることだと思います。

―はあ。

第一世代は羽を切られています。しかしその地で繁殖します。生まれた子供は飛べます。おわかりですか？

―なるほど。

私たちはどこに飛んでいっても人間に歓迎されますから。外見が美しい、素敵だと人間は言いますね。

――しかし、近年では、コブハクチョウさんがイネを食い荒らしたり、糞が問題となることもあるようですが。

それは、人間の中でも、ごく一部の者が扇動しているだけです。かつてのイギリスでは、ハクチョウに害を与えたものは反逆罪に問われました。ごく一部の不届き者を取り締まるために、日本でもそのような法制度が必要だと考えます。

――最初に、餌やり注意されてノコギリを振り回した人間の記事を読ませて頂きましたが、そういった行為も罪に問われないべきであると？

暴力はいけませんね。しかし、そうなるにはそうなるだけの理由があったと思います。私は何も関知しておりませんが、最初にも申しました通り、私たちに不利益なことをしようとすると、不思議と悪いことが起きる、というようなことはあるのかもしれませんね。でもそれは、私のあずかり知らないところですから。

――生態系への影響という点では、在来の水生植物への食害や、他の水鳥との競合も各地で発生していると聞いています。

それも、ごく一部の、秩序を乱す不届き者が扇動しているだけです。私たちの存在に比べたら、生態系などというのは小さな問題ではありませんか。

――・・・あのう、すみません・・・ちょっとよろしいですか？

何ですか？・・・うわっ、何をなさるんですか!?　やめてください、痛い、噛まないでください！

ブルーギル

Lepomis macrochirus

スズキ目サンフィッシュ科　　**原産地：北アメリカ**

全長：20cm

日本には 1960 年に移入された。「ブルー」というのは、エラ蓋の部分の青い斑紋に由来する。肉食寄りの雑食で繁殖力極めて旺盛、汚染にも強く、自分の卵は守り他の魚の卵は食べてしまうなどの性質から、生態系に与えるダメージはブラックバスよりもむしろ上だと考えられている。2005 年、特定外来生物に指定された。日本の侵略的外来種ワースト 100 のひとつにも選定されている。

うふふ。

どうなさったのですか？

聞きましたよ。コブハクチョウさんと喧嘩したんですってね。

いやなんとも、お恥ずかしいことです。つい感情的になってしまいまして・・・

しかも人間に見られて大変だったんですって？

はい。ハクチョウがやられている、助けなければということで、

危うく殺されるところでした・・・

きっと人間はニュースにしますね。外来生物同士、真昼の決闘！

とかそんな感じで。

すみません。本当に恥ずかしいので、あまりいじめないでください。

うふふ。けどコブハクチョウさん、得してるなあ。コブハクチョウさんと私って、この国に来た経緯、ちょっと似てるんですよ。なのに私はどこでも、オオクチバスさん、コクチバスさんと一緒に厄介者扱いですからね。

ブルーギルさんがいらしたのは、バスさんと一緒に・・・

いえ、もっと新しいです。１９６０年ですね。当時の皇太子殿下が訪米中にシカゴ市長から17尾か18尾かを贈られたものを水産庁の研究所に寄贈したんですけど、それをこの研究所が静岡県の一碧湖というところに放流したのが私たちのご先祖です。今、国内で繁殖しているブルーギルは、私も含めて全部このとき皇太

子殿下が贈られたものの子孫であることはミトコンドリアDNAの分析により実証されているんですよ〜。うふふ。

お詳しいですね。

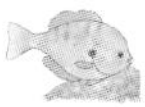

私、歴史好きなんです。歴史って面白いですよね。1960年って、この国の人間の世界だと、日米新安保条約が締結されたり、社会党の浅沼稲次郎党首が暗殺されたり、池田内閣が所得倍増計画を掲げたりした年ですね。

戦争が終わって15年めの年ですね。

人間の歴史って、私たちとも関係あるんですよね。ああ、私たちは人間の世界のこういうことのせいでここに棲むようになって、こういうふうに扱いが変わっていったのかあって、調べていくとほんと面白いです。めっちゃムカつきますけど。

たった十何尾でこの国に来て、いまブルーギルさんは・・・

全国で数億尾くらいですかね。いろんなところから逃げたり、他の魚の種苗に混じったり、それから釣り人とか釣り業者がバスの餌として大量にドボドボ撒いたり。その結果が、いまは特定外来生物に指定されているというわけです。無許可での飼養、販売、野外へ放つなどの行為に対しては、個人には3年以下の懲役や300万円以下の罰金、法人には1億円以下の罰金が科されるって。「プリンスフィッシュ」って呼ばれたり、公的機関によって放流されたり、悪者になったり、放流した人間は逮捕されるようになったり。ひとごとだと思ってみたら、これほ

どバカバカしくておかしな話はないですよね。ひとごとだと思えばですけど。ひとごとだと思えばですけど。ひとごとだと思えば、ですけど！　はい今、大事なことなので三回言いました！

人間って、過去にやったことに責任を取ろうとしないですよね。問題が起きたら制度を変えて、末端に罪を押しつけて。その間にいきものたちはどんどん死んでゆくんですよね。

ほんとですよね。でもね、こんなこともあったんですよ。私たちをシカゴから連れてきた皇太子殿下は今の上皇陛下になるんですけど、２００７年に、「第27回全国豊かな海づくり大会」っていうところで、自らがこの魚を最初に持ち帰ったことに言及した上で「今このような結果になったことに心を痛めています」って言ったんです。この大会が開催された滋賀県って、琵琶湖があるところで、私たちブルーギルによる生態系への害っていうことが深刻に言われている県のひとつですよ。公の場で、ちゃんと自分のしたことを認めてくれた。私はまだ生まれてなかったんですけど、年寄りのギルが言ってましたよ。先祖の霊に「こんなことがありました」って報告したって。私たちに滅ぼされてきたこの国の在来の水生生物たちの霊も、少しはほっとしたんじゃないですか。人間が誰も、自分が悪かったって言ってくれないんじゃ、いくら何でも救われないですから。それじゃあんまりですから。ねえ。

フイリマングース

Herpestes auropunctatus

食肉目マングース科　**原産地：中国南部〜南アジア〜中東**
頭胴長：25 〜 37cm　体重：500 〜 1000g

雑食性で地上で生活する。日本国内にはハブ退治のために持ち込まれたが、アマミノクロウサギをはじめとする様々な在来の希少な小動物を広範囲にわたって捕食し、また養鶏業などにも被害を与えて駆除の対象となっている。2013 年、特定外来生物に指定された。世界各地で在来生態系に影響を及ぼして問題となっており、世界の侵略的外来種ワースト 100、日本の侵略的外来種ワースト 100 にそれぞれ選定されている。

【写真提供:ピクスタ】

——フイリマングースさんと言えば、毒蛇であるハブを退治するために移入されたというのがあまりにも有名なところですよね。

うむ、そうです。そういう名目で連れてこられました。インドのガンジス川で捕獲されたものが沖縄島に連れてこられたと。

うむ、その通りです。渡瀬庄三郎という人間がおってですね、その人間が、我々をこの国に拉致してきたわけです。

——渡瀬庄三郎という名前には聞き覚えがあるような・・・

はい、あると思いますな。日本にウシガエルを最初に持ち込んだのもこの人間ですからな。

——ああっ！　そうでした。

補足しておきますと、この人間はですな、いきもののことを研究する学者でありまして、日本哺乳類学会というものの初代の会頭を務めたというような、その当時の人間としては最も知識の進んだ人間のひとりであったわけですな。

——根本的な問題として、マングースさんはハブを捕らなかった。むしろ在来の希少種を多く食べていたということが次第に明らかとなりました。

うむ、ハブなどめったに捕りませんとも！　そもそもが、我々の先祖は、平和に、

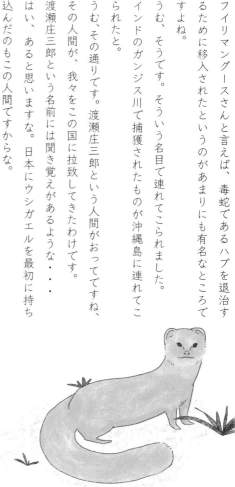

捕れるものを捕って暮らしていたわけですよ。それをある日よその土地に連れていかれて、強大な毒蛇のハブを捕れという。アマミノクロウサギだとかヤンバルクイナだとか、目の前にもっと楽に、もっと安全にとれる獲物がおるのに、なぜそんな危険なハブを捕らなければならないのか。そんなに都合よくいくものか。野生の動物を何と心得ておるのか！

一体なぜ、渡瀬庄三郎や他の人間たちは、マングースさんがハブを退治すると思い込んでしまったのでしょう？

うむ、まず、キプリングという小説家がおりましてな、『ジャングル・ブック』という作品の中で、コブラと戦うマングースの話を書いておる。また、その話の影響もあって、人間は我々を見世物に使うのが好きで、我々マングースと毒蛇を戦わせるショーをよく興行しておった。そのようなイメージに引きずられたのでしょうな・・・

マングースさんが沖縄に移入されたのは１９１０年ということですから、人間が引き起こした外来種問題の中でも、かなり早い方と言えますよね。

それはちょっと事実誤認のきらいがありますな。人間が我々マングースをよその国に連れていくことが外来種問題となるのは、もっと古い時代から起こっていたことなんです。19世紀の後半には我々は西インド諸島やフィジーなどにネズミ駆除の目的で連れていかれました。しかし、たちまち失敗し、１８９０年には既に

ジャマイカで、人間はマングースの駆除を始めておる。そのような事例がありながら、知ってか知らずか、渡瀬庄三郎以下は我々を沖縄に持ち込んだ。・・・。

我々としてはどこへ行っても、人間が我々に捕って欲しいと思っているいきものではなく、捕れるいきものから先に捕りますよ。我々をよその土地に連れていくこと自体が間違いなんです。しかも、我々が在来の希少種をとるからといって、今度は我々を駆除すると。人間というものは、つくづく学習能力も修正能力も低いというか、何もかもが行き当たりばったりだ。行き当たりばったりで殺されるというのは大いにバカげておる。その行き当たりばったりの果てに、希少な生き物が我々に捕られて滅んでしまうのはさらにさらにバカげておる。しかしですな、これは渡瀬という人間個人の問題ではないんです。いま生きている人間が、死人に口なしで、ひとりの人間に責任を押しつけてそれで済むと思ったら、人間の滅亡も近いです。いや、私は人間など滅亡してもらっても大いに結構。ただ、人間があまりにもへんてこな滅び方をすると、巻き添えを食って他のいきものも滅びてしまう危険性が満ち満ちておる。私はそれを危惧しておるわけですよ。我々はいま、どんどん駆除され殺されておるところです。そのことが今後の人間の、いきものとのかかわり方の教訓にさえならないというのなら、我々は死しても人間を恨みますな。

カダヤシ

Gambusia affinis

カダヤシ目カダヤシ科　　**原産地：北アメリカ**
全長：3 ～ 5cm

メダカに似た姿の、卵胎生の淡水魚。カダヤシとは「蚊絶やし」で、日本にはボウフラ駆除のため 20 世紀初頭に移入された。攻撃性が強く、他の魚の稚魚や卵を食べる上、繁殖力や環境適応能力が高いため、世界各地で同様に移入されては外来種問題を引き起こしている。世界の侵略的外来種ワースト 100、日本の侵略的外来種ワースト 100 のひとつにそれぞれ選定されている。2006 年、特定外来生物に指定された。

あらカメさん、あいかわらずのろのろどたばた、どこ行くの？

―のろのろどたばたって何ですか。あなたにインタビューしに来たんですよ。ちゃんとアポの約束もしてあったじゃないですか。

あらそうだったっけ？　ちょっと待っててね。すぐ終わるから・・・

―あ、出産なさっていたので。

そ。あたしたち、卵とかそういうめんどうなもの産まないから。直接子供産むから。ふー。

―それが、環境の変化に強い理由でもあるのですね。

卵なんて産んでたら、やれ水草に産みつけるとか、雄が卵に放精して受精するとか、手間がかかってしょうがないじゃない？　セックスしたら子供産んじゃう。これが一番手っ取り早いわね。

―まるで人間みたいですね。

ひどい！　人間と一緒にするなんて・・・もう立ち直れない。あなたがそんなひどいこと言うカメだなんて・・・思わなかった・・・

―す、すみません。失言でした。どうかお許しください・・・

・・・なーんてね。からかっただけよ。全然気にしてないから心配しないで。キャハハ。

―・・・あー・・・

けどねえ、人間と一緒っていうのはひどいわよ。あいつらねえ、あたしたちとメダカの区別もつかないのよ。

確かに、大きさが同じくらいなだけで、尻ビレの形も尾ビレの形も違いますよね。

それを、同じに見えるって言うのよ。あのウスラバカどもは。あたしたちを駆除してメダカを守るのに、「似ていますが異なります、似ていますが違います」ってやたら連呼して。どういう認知能力をしてるのかしら。

確かに、人間はカダヤシさんについて、メダカとの関係で語ることが多いですね。

それは、一緒にいたらあたしたちメダカいじめるけどさ。追いかけてヒレとかつついてやぶいてやったり、小さいのは食べちゃったりするけどさ、だからってメダカが絶滅しそうなのをあたしたちのせいだけにされても困るのよね。だって、あたしたちがいないとこでもメダカはどんどんいなくなってるじゃない。田んぼを圃場整備して、魚が水路と田んぼを行き来できなくしたの人間でしょ。水路をコンクリートの三面張りにして、隠れ場所をなくして水草生えなくしてメダカを産卵できなくさせたのも人間でしょ。それに、あたしたち外来生物を放したのも、ぜーんぶ人間でしょ。かわいそうなメダカ。あわれなメダカ。不幸なメダカ。でもついいじめちゃうけどね。他の魚の卵とか稚魚とか食べるの好きだし。

メダカが棲めないような人工的な環境でも、カダヤシさんはかなり生息していますよね。

そうよ。あたしたち強いから。だって卵じゃなくて子供産むから、水草とかいらないもの。だから、人間からすると、そこらじゅうでメダカがいなくなってあたしたちが増えてるように見える部分もあるのよ。けど、いま、あたしたちが普通に棲んでる水域にメダカを放り込んで実験してごらんなさいよ。だいたいのところでは、あたしたちが殺さなくてもメダカは生きていけないわよ。人間が環境をダメにしてきただけよ。それで、あたしたちも棲めないようなもっと悪い環境には、最近じゃグッピーが棲んでるわ。あいつら鈍感だから、ドブみたいなとこでも生きていけるから。そうやって繰り返していくのよ。

カダヤシさんは20世紀初頭に日本に移入されたということですから、もう１００年以上が経つのですね。

そうね。ボウフラを食べて蚊を絶やせって連れてこられたけど、蚊は絶えなかったわね。お気の毒さま。

そのかわり、カダヤシさん自体がどんどん増えました。

そうね。どうせいまさらふるさとには帰れないんだから、好き放題やるわよ。生きられるだけ生きてやるわ。

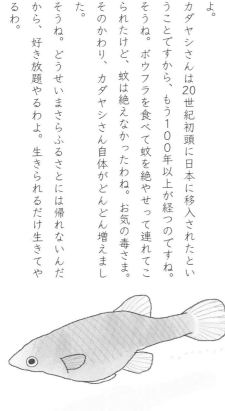

クビアカツヤカミキリ

Aromia bungii

コウチュウ目カミキリムシ科
体長：25 ～ 40mm

原産地：中国、モンゴル、ロシア極東部、朝鮮半島、台湾、ベトナム

体が黒く、胸部が赤い大型のカミキリムシ。サクラ、ウメ、モモ、カキなどの樹木に寄生し、幼虫は木の材質を食べて成長するため、最終的に木が枯死する場合がある。とりわけサクラに対する害が問題となることが多い。日本国内では2012年に初めて愛知県で発見され、以降、複数の県で確認されている。2018年、特定外来生物に指定された。

【写真提供：荒木三郎氏】

クビアカツヤカミキリ

ええと・・・こんにちは、インタビューのお願いをしていたカミツキガメと申しますが、クビアカツヤカミキリさん、どちらにいらっしゃいますでしょうか？

こんにちはあ。ここだよう。

えっ・・・どこですか。

ここだよう。ここだってば。

あっ、木の中！

そうだよう。こんにちはあ。

失礼いたしました。はじめてお目にかかります。出てきていらっしゃることは可能ですか？

まだ、だめだねえ。僕、幼虫だから、外に出たら死んじゃうから。中からごめんね。

クビアカツヤカミキリさんと言えば、黒くて胸だけが赤い姿が有名ですが、幼虫でいらっしゃるときはどのようなお姿なのでしょう？

ただのイモムシだよ。目もないから、まだ何も見えないな。だから色のことはちょっとわからない。でも、僕、もうじき蛹になるんだ。蛹になったら、次は羽化して、いまカメさんが言ったような姿になるんだよ。

どのくらいの間、幼虫をしていらっしゃったのですか？

3年間だね。

かなり長いのですね。

うん。3年間、ずっとこのサクラの木を食べて暮らしたよ。

ちなみに、聞きにくい質問ですが、成虫になってからのご寿命は・・・

2週間くらいかな。その間に、もしできたら交尾をして子づくりをしなきゃね。

子づくりが終わったら・・・

死んじゃうよ。もうすることもないから。うまくできたらいいんだけどね。

それでは、クビアカツヤカミキリさんに残された時間は、あまり長くないのですね・・・。

うん、そうだよ。でも、いいんだ。僕はこの木の中で、いつもおなかいっぱい食べたもの。3年前にここに産んでくれた親に感謝してるよ。

羽化したら、何か楽しみにしていることはありますか？

そうだねえ。僕、さっきも言ったけど、まだ目がないから。世界が見えるってどんな感じなんだろうね。それは気になるなあ。それから、空を飛べるってどんな感じなんだろうね。想像するととっても楽しいんだ。遠くまで飛びたいなあ。一番遠くまで、誰よりも遠くまで、すてきなサクラの木を探して飛ぶん

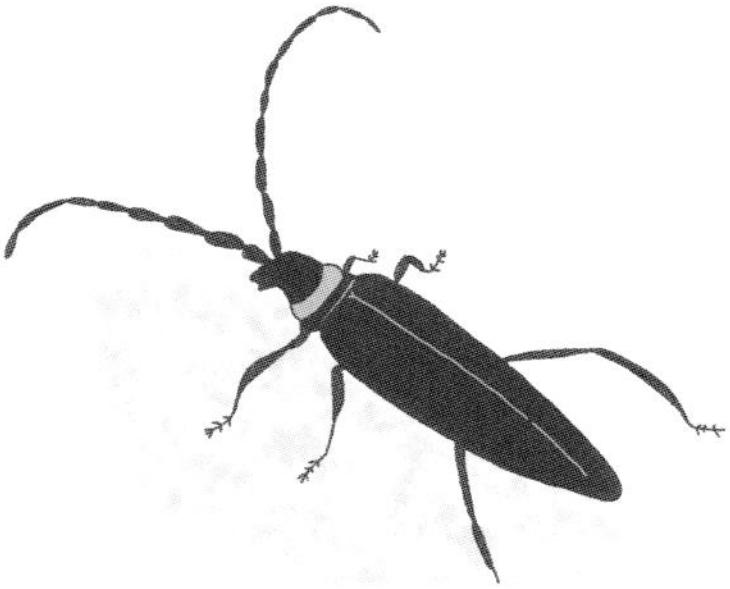

だ。そこに交尾できる相手がいたらいいなあ。でも、未知のことだらけでよくわからないや。こうしている間にも時間が経つし、きっと、気がついたらもう成虫になって、寿命が来て死んでいるんだろうなあ。

死ぬのは、怖くはありませんか？

全然。死ぬのなんて怖くないよ。だって、卵から孵化して幼虫になるときにすごくドキドキしたもの。それに、これから蛹になって、成虫になるのは、もっともっと大きな変化だもの。それに比べたら、死ぬのなんて別にね。生きていくことに比べたら、死ぬことは大したことじゃないよ。

もし、うまく羽化して成虫になられたら、もう一度お会いしたいです。

ありがとう。もう一度会えたら楽しいね。でもね、こういう約束って、実現しないことが多いと思うよ。だから、いま、カメさんの声をよく聞いて覚えておくね。カメさんも覚えておいてくれたら嬉しいな。僕ね、幼虫をしていて、本当に幸せだったんだ。色々な想像をして、おいしい木を食べ続けて・・・いつもでもこうしていたかったなあ・・・でも、それはやっぱり無理だよね。自分の翅で、空に向かって飛ぶときが来たんだ。どこまで行けるかわからないけど、精一杯頑張るよ。

ワルナスビ

Solanum carolinense

ナス目ナス科　　　　**原産地：北アメリカ**
高さ：30 ～ 70cm

花がナスに似ており、かつ食用にならないことが「悪茄子」の名の由来。農耕地、草地、道端、民家の庭など様々な環境に生育する。茎や葉には棘が多く、また全草が有毒である上、繁殖力が非常に強いので除草は困難である。ヨーロッパ、アジア、オセアニアの各地に外来種として生息しているが、日本国内には明治時代に侵入し、その後、全国に拡散した。

同志よ。

・・・同志？

きたるべき連帯のために、よくぞ私に会いにきたな。

れ、連帯？

連帯のための来訪ではないのか。

い、いや、その・・・

ならば何をしにこの荒地にやってきた。このインタビューの目的は何だ。言ってみろ。

それは、私たちと人間との関係を問い直し、外来生物としての私たちの存在について・・・

駄目だ。

えっ。

自己批判しろ。

自己批判!?

貴様の行動は純粋性に欠けている。

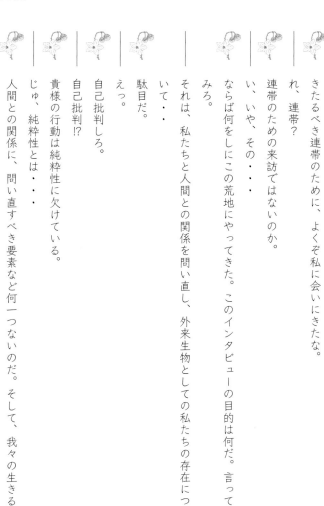

じゅ、純粋性とは・・・

人間との関係に、問い直すべき要素など何一つないのだ。そして、我々の生きる目的もすでに定まっているのだ。そこを問い直し見つめ直すなど、自己満足の堂々巡りに過ぎん。

——では、私たちの生きる目的とは何だとお考えですか？　私たちは何のために生きているのですか？

戦うためだ。

——何のために戦うのですか？

正義のためだ。

——正義とは何ですか？

正義とは、間違いが間違いであると知らしめることだ。

——では、間違いとは何ですか？

人間の全てだ。

——全てとは、人間の思考ですか。行動ですか。生態系における位置ですか。

全てだ！

——私たちが今こうして、ここで出会い、話しているのも人間に原因があります。そのことも含めて、間違いであるとお考えですか。

純粋な間違いだ。人間が間違いである以上、我々

がここで出会うのもまた間違いである。人間の存在そのもののために、我々もまた、間違いの中に含まれる存在となってしまった。しかし、いま、我々がここで出会うことは、さらに総体的な間違いを普及啓発するための間違いであるとも言える。戦うのだ。間違いが間違いであると知らしめるために。

誰に知らしめるのですか。他のいきものたちにですか。人間たちにですか。

全てだ。

どのようにして戦うのですか。

この国の生態系の中で、そして人間の社会通念の中で、異物であり続けることだ。決して人間に食べられず、人間の産業として利用されず、在来生態系に貢献することもない。異物として生き続けることでのみ、我々は正義をなすことができるのだ。我々が、馴染まず、まつろわぬものとして生き続けることで、新たな我々が出現することを避ける力となれるのだ。同志よ、我々の存在が間違いであることを示すことで、正義を行うことができるのだ。

その戦いに、未来はありますか？

未来はない。この国は我々にとってあらかじめ異国であり、この国では我々にとって生きること自体があらかじめ悪なのだ。新たな我々が生まれないことを、私は願う。

ハクレン

Hypophthalmichthys molitrix

コイ目コイ科　　**原産地：東アジア**
全長：100cm

口よりも目が下にある顔つきが特徴的な、植物プランクトン食のコイ科の大型魚。ソウギョ、アオウオ、コクレンとともに中国では古くから養殖され「四大家魚」と呼ばれる。四大家魚は、日本には 1878 年に最初に移入され、第二次世界大戦中に食糧増産のため本格的に移入・放流された。いずれの魚も、食用としては日本では定着しなかった。

ハクレンさんといえば、「中国四大家魚」のひとつとして知られておりますが、そもそも「四大家魚」とは何なのか、イメージできない方も多いと思います。まずはそのあたりから・・・

そうですね。「四大家魚」というのは、ソウギョ、アオウオ、コクレン、それに私なんですが、カミツキガメさんは私以外の３種類のことはご存知？

いえ、恥ずかしながら不勉強でして。ソウギョさんは印旛沼でお会いしたことがあります。あの草を食べる・・・

そうです。私も含めてみんな、コイ科の大型の魚ですね。草食なのがソウギョ、一番大きくて２ｍ近くなるのがアオウオ、私と似たような姿で色が黒っぽいのがコクレンです。

皆様、中国では人間の食用とされていたのですよね。

そうですね。「家魚」というのは、人間が養殖している魚というくらいの意味だと思ってください。昔の中国の人間はうまいことを考えましてね。私たち４種類を、餌なしでまとめて養殖していたんです。

皆様のような大型になる魚を餌なしで養殖というのは、そんなことが可能なのですか？

私たち４種類の食性を利用するんです。まず、私たち４種類の稚魚を池に入れます。さっきもお話に出たようにソウギョは草食ですね。

はい。

草を刈って池に放り込むと、ソウギョが食べます。ソウギョが糞をすると、タニシなどの水生の貝がその糞を食べて育ちます。育った貝をアオウオが食べます。アオウオの食べかすや糞から植物プランクトンが育って、それを食べる動物プランクトンも育ちます。植物プランクトンを私が食べて、動物プランクトンをコクレンが食べます。これで全員育って、育ったのを人間が食べるという構図です。

お、横着ですが合理的ですね・・・

うまくできてて、なんかムカつきますよね（笑）。

でも現代の人間には、もうこういう知恵は出てこないでしょうね。ただ薬を使って大きくするとか、そんなことしか思いつかないんじゃないですか。人間といういきものは年々劣化する一方ですからね。

日本には、そのシステムごと輸入されたのですか？

ではないですね。システム以前に、意図的に輸入されたのは多分ソウギョだけなんです。でも、人間には四大家魚の稚魚は見分けがつきにくいみたいで、他の三種類も混ざって輸入されてあちこちに放流されたんです。特に、私たちハクレンはたくさん混じっていたみたいですよ。いずれにしても、日本の人間は、

四大家魚を一緒に養殖する方法は受け継がなかったし、あまり食べることもありませんでしたから、基本的には時間の経過とともにみんな、人間にとっては利用価値のない魚になりました。私たちハクレンは植物プランクトンを食べるということで、アオコ除去の目的で湖に放流されたりもしましたがね。

最後に伺いたいのですが、ハクレンさんはそのようにあちこちに放流されてきたのにもかかわらず、自然繁殖は利根川・江戸川水系でしかなさっていません。これはなぜでしょう？

それは、私たちの発生の仕方によるものです。私たちは川で卵を産んで、卵は水の流れに乗って川を下っていって、2日ほど経ってから孵化するんです。だから、せめて最低でも利根川くらいの長さのある川でないと、卵が海に流れて行って駄目になっちゃうんです。だから、まあ言ってみれば、そもそも日本向けの生態じゃなかったんです。これは、四大家魚のみんなに共通したことです。

では、それ以外の各地に放流された四大家魚の皆様は、子孫を残すこともできずに、寿命が来たら亡くなられてゆくのですね・・・

そうですね。よく考えるんです。海に流れ落ちていった卵たちのこと。もうじき孵化できる、この世に泳ぎ出していけるという時に、塩辛い水の中に入って死んでしまう。どんなに苦しかっただろうなって。どんなに悔しかっただろうなってね。

ワカケホンセイインコ

Psittacula krameri manillensis

オウム目インコ科　**原産地：インド、スリランカ、パキスタン**
全長：40cm

全身鮮やかな黄緑色をした大型のインコ。雄には喉から首に黒い帯がある。姿が美しく動作が楽しく、簡単な言葉を喋るなどするためペットとして人気が高かったが、長命で力が強く鳴き声も大きいため、1960年代以降、逃亡したり放鳥されたりした個体が大量に野生化した。樹洞をねぐらとすることから在来の鳥類との巣をめぐる競合、果実を好むことか農作物への被害などが懸念されている。

ワカケホンセイインコさんは長生きなさると伺っておりますが、今年で何歳になられますか？

ちょうど30歳になりますよ。

それでは、カメ並みに長生きでいらしゃるのですね。元は人間に飼われていらっしゃったのですか？

いや、飼われていたのは私の親の代ですね。私は野生化の二世なんです。

お父様、お母様はご苦労なさったことでしょうね。

私は生まれてからずっと野生なので感覚が違うところもあるんですが、母などはよく、寒い寒いって言っていましたね。

ワカケホンセイインコさんは、南アジアの原産でいらっしゃいますものね。

母は結局、大雪の年に亡くなりました。父もその冬から健康を害しましてね、結局夏が来る前に母のあとを追いましたね。

私にも覚えがあるのですが、人間に飼われて育った身には、野外の環境で生きてくのは辛いこともありますよね。

両親もそのように言っておりましたよ。やっぱり、人間に飼われると面倒を見てもらえるんで、体のつくりが弱くなっちゃうみたいなんです。私も一緒に生まれた兄と弟がいましたがね、病気とか色々あって、生き残ったのは私だけでした。母は、私たち兄弟が人間に飼われていればみんな死ななくて済んだかもしれないということをぽつっと言っていましたね。

自分も人間に飼われていたらどうだっただろうと思うことはないですか？

うーん、ないですね。両親から話は聞いていますのでね。人間というものの、いろんな話・・・。父と母は、それぞれ別々の人間に飼われていたんです。父は飼いきれなくなった人間によって放されました。人間はどんどん大きくなって力も強くなり、声も大きい父を飼うのが面倒になって捨てちゃったんです。いっぽう、母は自分から、自由が欲しくて籠を抜けました。鍵を壊して逃げたんです。そうして、同じように捨てられたり逃げたりした仲間たちが集うねぐらに行き当たりました。野生化一世のコミュニティですね。そこで両親は出会ったんです。

二世のあなた方から見て、肉体的な頑健さ以外に、一世との違いを意識することはありますか？

文化の違いですね。一世は、人間の言葉を喋れる者もたくさんいましたから。人間が喋っているのをそっくりにコピーして喋っちゃうんです。私たちは直接人間とコミュニケーションをとる機会がなかったですから、そういうことは必要なかったですね。私など、喋れる

単語も一つだけですよ。

——その一方で、もう三世、四世、五世の世代がたくさん育っていらっしゃるかと思うのですが。

そうですね。みんなたくましく生きていますよ。私の子供たち、孫たちも、みんな立派な若者になりました。生き残った者はですが・・・。けれども、私たちはどこまでいっても、どれだけ世代を重ねても、「野生化」した「外来」の鳥なんですね。もとからこの国の野生にいる鳥の仲間には入れてもらえないんです。かと言って、今から、父や母が生まれたという南の国になんとかして飛んでいけたとしても、そこでも私たちは仲間には入れてもらえないでしょうね。それはもう仕方ないんです。若い者にはいつも言っていますよ。他の鳥をうらやましがったりひがんだりするな、差別されても蔑まれても、それで自分の価値が下がるわけじゃない、この緑の羽根に誇りを持って毎日を生きろとね。耐えること、我慢することとともに、私たちは生きていくんです。

——大変見上げたご覚悟です。最後に一つ、気になったことがあるのですか。

どういったことでしょう？

——人間の言葉を一つだけ知っていると先ほど伺いましたが、それはどのような・・・

ああ、父に教わったんです。人間がよく父に言っていたという言葉ですね。ほら、こう言うんですよ。「バーカ！」

コナギ

Hypophthalmichthys molitrix

ツユクサ目ミズアオイ科　　原産地：東南アジア
高さ：10 〜 40cm

代表的な水田雑草のひとつ。おそらくは弥生時代に稲作とともに渡来したと考えられる、非常に古い時代の帰化植物である。現在は本州〜九州まで幅広く見られる。旺盛な繁殖力で水田にはびこり群落を形成、イネの生育を阻害するため農家に嫌われる一方、食用とされたり和歌に詠まれるなど身近な存在でもあった。夏に紫色の花を咲かせる。

コナギさんも外来種であるということは、失礼ながらこれまで存じ上げませんでした。どのくらいの年代に日本にいらっしゃったのでしょうか？

はっきりとしたことは申せませんが、数千年前ですね。

数千年前！　数千年前に、人間が海を渡ってコナギさんを持ち込まれたということですか。

そうです。

それはいったい何のために・・・。コナギさんの花はお綺麗ですけれど、まだ観賞用植物などという概念は人間にも存在しなかったでしょうし、食用ですか？

食用と言えば食用なんですが、直接的に食用というわけでもないんです。私たちはね、日本に稲作が伝来したときに、イネと一緒にやってきたんですよ。

なるほど！　稲作と一緒に・・・

日本には、何度かに分けて、大陸から人間がやってきているんです。他にも私たちのような来歴のいきものは、特に植物に多くいますよ。稲作と一緒に来たのは、私たちの他にもイヌタデさんなんかがいますし、例えばナズナさんとかキュウリグサさんとかは、あれはムギの伝来と一緒に来たんですよ。

文明が発達する前でも、相当古くから、人間は移動に伴っていきものをあちこちに移してきたのですね。

そうですね。私たちのように、人間が歴史をきちんと記録するようになる前に連れてきた植物を「史前帰化植物」なんて言うんです。

動物では、そのような古い帰化種というのは・・・

モンシロチョウさんなんか、奈良時代くらいにアブラナ科の植物と一緒にやってきたという話がありますね。ハツカネズミさんとかクマネズミさん、ドブネズミさんなんかも古いですよ。それに、ニホンヤモリさんだとかも・・・

確かに、人間の生活のそばにいるいきものたちばかりですね・・・

結局、人間の近くで増えるいきものというのは、人間がそのいきものに適した環境を作り出すから増えるわけですよ。私たちコナギの場合で言えば、種子が発芽するのには光が必要で、さらに酸素濃度が低いことが必要なんです。開けていて明るい上に、わざわざ水を張って酸素をなくしてくれる人間の田んぼは、これ以上ないくらい好適なんです。だから私たちは、もともと東南アジアで細々と暮らしていたのが、人間が水稲農業を始めてこの方、東アジア一円に拡がって、それからこの地の果てみたいな島国にまでやってきて、あなたともこうしてお顔を合わせているんですよ。

お話はよく理解できます。私たちカミツキガメにしても、田んぼや水路が生息に適しているから、繁殖を続けてくることができました。

そうでしょう。見方を変えれば、あなた方はいま、人間に駆除されて大変でしょうけど、私たちはそういうことを何千年も経験し続けてきたんですよ。私たちは繁殖力が強くて、すぐに田んぼを埋めちゃってイネの生育を邪魔しますからね。人間たちは私たちをせっせと刈り取ってきました。

イネを食べるために人間が田んぼを作ると、コナギさんが生えてきてしまうわけですね。

私たちはね、除草剤に凄く弱いんです。薬ばかり撒いている田んぼでは育てませんから、最近の田んぼでは暮らしにくくなってきました。私たちがたくさん生えている田んぼは、だいたい人間が農薬をあまり使っていないところです。私たち以外にも、いろんないきものが暮らしていると思います。こんなこと言ったら他のいきものの皆さんに怒られるかもしれませんけど、こっそり本音を言うとね、私たちコナギにとっては、私たちを刈り取ったり薬を撒いたりさえしなければ、人間はいた方がいいと思ってたんですけどね。ただ・・・

・・・ただ？

いま、薬など以前に田んぼそのものがどんどん少なくなっているでしょう。もう、私たちは人間が作り出す環境に合ういきものではなくなったんでしょうね。田んぼに生きる他のいきものと一緒に、私たちも消える時が来たようですよ。消えちゃえば、在来種も外来種も、いつ来たも何も関係ないですよね。

ハクビシン

Paguma larbata

食肉目ジャコウネコ科　原産地：中国南部、台湾、ヒマラヤ、東南アジア
頭胴長：60 ～ 65cm　体重：3000g

日本に生息する唯一のジャコウネコ科の哺乳類。雑食性かつ夜行性で、木登りや泳ぎも巧み。日本においては長く外来種か在来種かの議論があった、現在では外来種なのはほぼ間違いないとされるが、江戸時代には既に持ち込まれていたとの説もあり、その移入時期と拡散過程はいまだにはっきりしてない。本格的に拡散し始めたのは戦後になってからである。現在では全国に広く生息し、都市部にも積極的に進出している。

ハクビシン

こんにちは。

ウーっス。

いつも水辺でお会いすることの多いハクビシンさんですが、今日は改めてきちんとお話を聞かせて頂くということで、どうぞ宜しくお願いいたします。

ウッス。カミツキガメさん、カタいっスね。

はあ。

もっとラクにいきましょうよ。世の中、なるようにしかならないんスから。

すみません、どうしても重いテーマになってしまうんですが(苦笑)。これまで様々な外来生物の皆さんにインタビューさせて頂いてきたんですけど、ハクビシンさんはまたちょっと独自の立ち位置にあると思うんです。

どんな?

つまり、外来種であることはほぼ確定的なのだけれども、ハクビシンさんがいつ頃どうやってこの国に来たのか定かではないから、人間の側の法律ではいまだに外来種としては扱われてはいない。だから、ハクビシンさんが少なくない農作物被害などを与えていても、特定外来生物などに指定されてもいない。そういったことを、ハクビシンさんはご自身ではどのように考えていらっしゃいますか?

ああ、そういうことっスか。それ、自分、もう自分的に結論出てるんスよ。

どのような?

自分、在来種か外来種かで人間に分けられるなら、外来種にされた方がいいと思ってるんスよね。

―― そうなんですか!? それはなぜですか？

いや、簡単っスよ。外来種にされた方が、この先、生き残る確率高いと思ってるからですよ。

―― それはなぜですか？ 外来種は、なかでも特定外来生物の指定などを受ければ、人間に駆除され、殺される対象になるんですよ。

いや、そんなことは知ってるっスよ。だって、人間がカミツキガメをとる罠を川に仕掛けるのとか、自分、そこの木の上から見てたんスから。

―― それでもなおかつそう考えるのですか？ その理由は？

あのさあ、もっと本質見た方がいいと思うんスよ。カミツキガメさん、この国で絶滅したいきものをちょっと挙げてみてくださいよ。代表的なところでいいっスから。

―― ええ、ニホンオオカミ、ニホンカワウソ、ニホンアシカ・・・

ほら。全部在来種じゃないスか。

―― ・・・そう・・・ですが・・・

この国で外来種を人間が絶滅させた事例って、どんだけあります？ 世界でも少

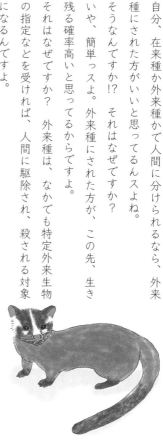

ないと思うんスよ。特定外来生物とか、なかなか滅びないのがなるもんだと思うんスよ。

――確かに、人間の側から見て数を減らしにくいいきものだからこそ、特定外来生物に指定されるという面はあると思うのですが・・・

あのね、本質的なこと言っちゃうと、自分、人間って、本当は在来のいきものを絶滅させるのが好きなんだと思うんスよ。それで外来種を増やすのが多分、好きなんスよ。そうとしか思えないんスよね。自分、こう見えてけっこう歴史とか好きなんスよ。調べれば調べるほど、人間、在来のいきもの皆殺しにするのチョー好きなんスよ。生息地破壊して環境汚して捕り尽くして。で、わざわざそこに外来種入れるんスよ。それか、在来種が減ってきたタイミングで、それを滅ぼすのを助けるような外来種入れるんスよ。だいたいそのパターンなんスよ。あんまりいつもそうだから、多分、わざとだと思うんスよね。人間って、在来種全部滅ぼすとなんか得になることがあると思ってるんじゃないっスかね。例えば、このへんのカメの世界でもそうだと思うんスよ。増えてるカメって、カミツキガメさんっしょ。それに最近外来種になったクサガメっしょ。減ってるの、ニホンイシガメっしょ。イシガメの生息環境ダメにしたの誰？　外来種まいてんの誰？

――人間です。

そうっしょ。そういうことっスよ。

チュウゴクオオサンショウウオ
Andreas davidianus

有尾目オオサンショウウオ科
全長：100cm
原産地：中国

水生の巨大なサンショウウオ。日本在来のオオサンショウウオに極めてよく似ており、外見からの判別は難しい。現在、賀茂川水系に多数が野生化し、在来のオオサンショウウオとの間に種間雑種を形成、遺伝子汚染が大きな問題となっている。その由来には不明な点が多いが、1972 年の日中国交正常化後、少数が食用として輸入され、のち野外に放たれたものが初めとする説がある。

【写真提供：鈴木琉也氏】

やっとお会いできました。あなたがチュウゴクオオサンショウウオさんですか。

そうじゃ。

在来のオオサンショウウオさんとの交雑種の方々は、ここ賀茂川でたくさんお会いしました。けれども、純血のチュウゴクオオサンショウウオであるという方には初めてお目にかかります。

そうじゃろう。ほとんどみんな死んだからの。

純血のチュウゴクオオサンショウウオでおられるということは、中国でお生まれになったのですか？

そうじゃ。わしは揚子江にそそぐ川の上流で生まれ、育ったのじゃ。日本に連れてこられてから、もうじき50年になる。

お幾つになられるのですか？

知らん。１００を越えてから、数えるのをやめたのじゃ。

驚きです・・・。そもそも、日本に連れてこられたのは、どのような・・・

人間に食べられるためじゃ。なんとなれば、人間の世界には争いが多く、日本は多くの国と戦争をしておった。

そのことは、様々な方へのインタビューでお話に出てまいりました。

戦争のあと、中国と日本は交わりを絶っておった。それが人間たちが話し合い、

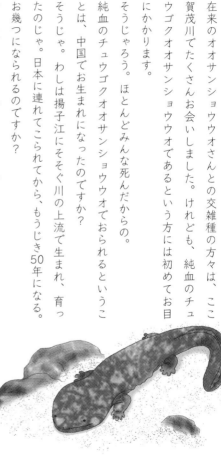

再び交わりを始めようということになった。中国の人間はわしらを食べるが、日本の人間は食べぬ。そこで、日本でわしらの肉を売ればもうかると考えた人間がおった。しかしその企てはうまくいかなかったのじゃ。わしらは川に放された。川にはもともと、日本のオオサンショウウオが棲んでおったので、わしらは子供をなしたのじゃ。わしらの子供、孫、曾孫たちはたくさんこの川に生きておるが、わしとともに放されたサンショウウオはその多くが死に絶えたのじゃ。あるいは水が合わず、あるいは老いさらばえて死んだのじゃ。

もともと、日本のオオサンショウウオの皆様は、貴重ないきものとして人間に保護されております。チュウゴクオオサンショウウオの皆様との混血により、この川のオオサンショウウオの遺伝子汚染が進み、在来個体群の絶滅の危機が迫っていると、そのように人間は申しておりますが。

その通りじゃ。この川にもとからいたオオサンショウウオは、みんな気のいい連中じゃった。しかし、もう、わしらとの混血が進み、昔とは違うものになった。人間がわしらをこの川に捨てたからじゃ。

しかし、チュウゴクオオサンショウウオさんもまた、ご地元の中国では極めて貴重ないきもので、国際的にも保護されております。そのために、例えばニホンイシガメと交雑するクサガメさんが駆除されるようには、人間たちもチュウゴクオオサンショウウオさんを駆除しようとはしていません。このことについてはどのように思われますか。

知らん。人間は常に間違い、人間以外のいきものはそれに巻き込まれて死んでゆくのじゃ。

そして、一種だけと考えられていたチュウゴクオオサンショウウオは、最近の人間たちの研究では、実はいくつかの種に分割されると聞きました。あなたはどの種に属しておられるのでしょうか。

知らん。わしが川で捕まり、中国で人間に飼われておった時、とじこめられておった池には、確かに様々な地方から来た連中がおったようじゃ。しかし、今となってはわしにはどうでもいいことじゃ。人間はわしらを貴重ないきものと呼ぶ。しかし、貴重でない生き物など、どこにおるのじゃ。わしも今年あたり死ぬじゃろう。故郷の川の流れを思い、そこに戻る日を待つ。それのみがわしの楽しみじゃ。

生まれ変わって、故郷の川にお戻りになるのですね。

いや、違う。わしは生まれ変わりたくはない。現実の故郷の川など、とうに人間に潰されて、消えてなくなっておるじゃろう。そんなところへ行きたくはない。わしは、自分の思い出の中にある川に戻りたいのじゃ。現実の世界を生きることは、厳しく、寂しく、辛いことじゃった。もうたくさんじゃ。死んだら、思い出の中にある故郷の川へ行くのじゃ。二度と現実の世界には生まれ変わらず、そこで永遠に暮らすのじゃ。

アオマツムシ
Truljalia hibinonis

バッタ目コオロギ科　　原産地：中国
体長：20 ～ 25mm

全身が鮮やかな緑色一色のコオロギの仲間。樹上や植物上で暮らし、夏の終わりから秋の終わりにかけて、リーリーリーというよく通る声で鳴く。原産国は中国南部とされる。日本には明治年間に、輸入された苗木等に卵が付着しているなどの事情により、非意図的に渡来したと考えられている。現在では全国的にその分布を拡げ、都市部でも街路樹や庭木などでその声を聴くことができる。

アオマツムシ

―― ・・・。

 こんばんは。いい夜ね。

―― あっ、こんばんは。はい、いい夜ですね。

 誰かが歌ってますね。

―― そうですね。上のほうで雄のアオマツムシさんが鳴いていますね。いい声ですね。さっきから思わず聴き惚れてたんです。

 一生懸命歌ってるね。でも、あの歌はダメね。高音の伸びが足らないし、濁っちゃいけないとこが濁ってる。

―― 私にはとても美しい声に聴こえますが、同じ種類同士だと良し悪しがおありなのですね。

 そうね。道路の向こうの街路樹から聴いてた時はちょっといいかなと思って、飛び移ってきたんだけど。近くで聴いてみると、うーん、ちょっと彼とどうこうするっていうのは考えられないかな。

―― 厳しいですね。

 でも、誤解しないでね。悪いって言ってるわけじゃないの。ただ、あたしの好みじゃないって言うだけ。きっと、彼のこと好きになる女の子もいると思う。全然下手じゃないもの。あの歌聴きながらお話しましょ。

―― そうしましょう。ですが・・・さっきからずっと上を見上げているので、ちょっ

と首が疲れてきました。

ごめんなさいね。下に下りてお話したいけど、あたし、地面って怖くって。これまで生きてきて、一度も樹の上から降りたことがないの。

一度もですか？

そ。樹の上で卵から孵って、樹の上で脱皮して、樹の上で成虫になったんだ。地面にね、下りてみたいと思う時もあるの。でもダメ。脚がすくんじゃう。恐ろしくってダメ。あたしの体のこの緑色だって、樹や草の上にいたら保護色になるけど、土の上だったらすごく目立っちゃうでしょ。きっと、すぐ誰かに食べられちゃう。あたしだけじゃなくて、みんなそうやって怖がってると思うよ。何かの間違いでもないと地面に下りることなんてない。不思議よね。こんなに憶病なあたしたちが、その昔、海を越えて運ばれてきたなんて。なんだか嘘みたい。樹の上でちまちま暮らして、たまに空を飛んで移動して。人間なんて、ほとんどがあたしたちがどんな姿をしてるかも知らないんじゃないかな。知らないままに、植木かなんかと一緒にあたしたちのご先祖をこの国に連れてきて、知らないままにあたしたちはだんだん増えていって、あたしたちの雄の歌を聴いてやっとその存在に気づいて、それでもやっぱり姿を知らないの。こんなに近くで暮らしてるのにね。

人間に姿を知らしめたいですか？

いやだなあ。姿を知られたら、駆除されちゃいそう。だしそれに、人間に姿を見せるには地面に下りなきゃいけないし。それは怖いもんね。もし、絶対安全に地面に下りられるっていうんなら、いっぺん下りてみたいけど。

いかがですか？　いま、地面に下りてみませんか？　私が守ってあげますよ。

本当に？

はい。私の前に下りていらっしゃれば大丈夫です。

本当に？　信じてもいい？

はい。鳥が来ても人間が来ても、私が必ず追い払ってあげますから。

本当に？・・・じゃあ、下りようかな・・・うわー、ドキドキする！　これ地面？　うわ、平らだあ！　すごい！

いかがですか？

カメさん、ありがとう・・・。あたし、いま分かったの。本当は、あたし、地面が怖いんじゃなかったの。ただ樹の上が好きだったの。本当に好きだったの。いま、地面に下りさせてもらったおかげで、それがわかった。それからあたし、あの歌ってる雄のところに行ってみる。一度地面に下りたら、カメさんの言う通り、なぜだかわからないけどとってもいい歌に聴こえてきたよ。音楽って不思議だね。聴き手の心が変わると聴こえ方も変わっちゃう。カメさん、今夜ってとってもいい夜だね。

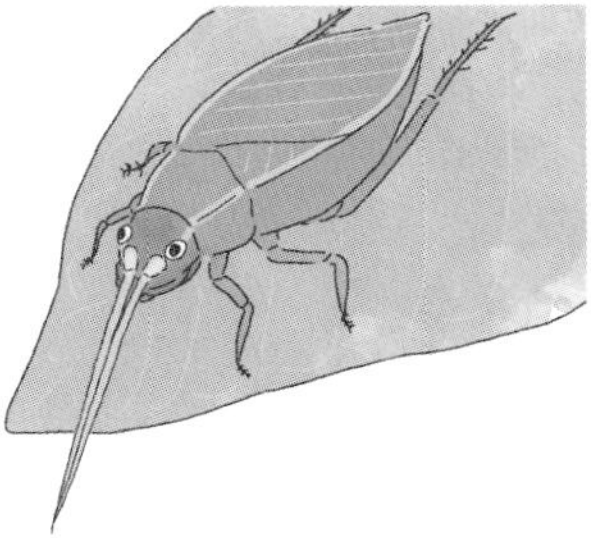

イエネコ

Felis catus

食肉目ネコ科
頭胴長：40 ～ 70cm　体重：2 ～ 7kg
原産地：中東～北アフリカ

いわゆる「ネコ」。もとはリビアヤマネコが家畜化されたものと考えられ、ネズミを捕るために世界中に移入されている。ペットとして膨大な数が飼われ、また半野生状態の「野良ネコ」、完全な野生状態の「野ネコ」も多い。その狩猟能力と繁殖力の高さから、全世界的に在来生態系の大きな脅威となっており、その対策は急務である。世界の侵略的外来種ワースト 100、日本の侵略的外来種ワースト 100 にもそれぞれ選定されている。

とうとう来たニャ。待ってたニャ。

イエネコさんを避けて通ることは絶対にできません。およそ人間の手により拡散されたあらゆる外来生物の中で、世界中で、いちばん多くの在来のいきものを絶滅させてきたのは、イエネコさん、あなたかもしれません。

そうだニャ。ネコが外来生物であると言っても、ほとんどの人間は信じようとしないだろうけどニャ。

イエネコさんは、中東から北アフリカの砂漠地帯に暮らしていたリビアヤマネコが人間に家畜化されたものを先祖に持ち、人間の手により世界中に拡がり、おびただしい数が放し飼いにされ、また野生化してゆきました。疑いもなく外来生物です。

よく調べたニャ。でも、家畜化というと少し引っかかるニャ。ネコが人間と一緒に暮らすようになった歴史は、他のいきものとは少し違う形をとっているからニャ。

確かにそうかもしれません。他のいきものたちは、人間に飼われることで自由を失い、人間からもらう餌以外のものを摂取することもなくなってゆきます。しかし、イエネコさんだけはそうではありませんでした。人間の家で寝泊まりし、食事を与えられてもなお野生に近い暮らしを続け、狩りも続けてきました。中には、人間の家で寝泊まりさえせず、ただ定期的に人間に食事を与えられているだけの方も多くいらっしゃいます。他のいきものにはほとんど全く見られない、人間とのかかわり方です。

その根源は、ネコがネズミを捕ること、これに尽きるニャ。人間が農耕を始めたときからずっと、人間とネズミは戦争を続けてきたからニャ。ネズミを捕らせるためには、家に住んでいるネコでも野生の能力と性質を残していなければいけニャい一方、どの人間の家にも住んでいないネコも当たり前にネズミを捕るわけだから、ネコの世話をすることは、人間にとってある種の正義だったのだニャ。人間はネコを飼っていると勘違いしているニャ。しかし実際のところ、ネコが人間を飼い慣らしてきたとも言えるのだニャ。

そうして世界中で人間とかかわり、分布を拡げ、野外に進出したイエネコのみなさんは、とりわけ離島などでは、在来のいきものの大きな脅威となっています。先ほども言ったように、その例は枚挙にいとまがありません。日本でも、アマミノクロウサギやヤンバルクイナをイエネコさんが襲って食べることが大きな問題となっています。イエネコさんは、例え人間に飼われている個体であっても、信じられないほど高い身体能力と狩猟能力を持っていることを私は存じております。しかも、食べるためではなく、遊びのために獲物を殺すという、人間以外のいきものでは珍しい習性を持っていることも。

その通りだニャ。そして在来のいきものに与える影響ということで言うと、もっと付け加えることがあるニャ。ネコは、狂犬病やトキソプラズマのような病気の媒介もするニャ。ツシマヤマネコやイリオモテヤマネコのような、同じネコ科の

動物に対しては、さらに重篤なウイルスを媒介もするニャ。

そして、人間もそのことに気づいており、希少ないきものが多く生息する地区からイエネコを排除しようと試みることがありますが、必ず別の人間たちから反対運動が巻き起こります。イエネコさんを殺させない、という人間。イエネコさんに無制限に餌をやり続ける人間。その間にも旺盛な繁殖力で増えていくイエネコのみなさんたち。私たちカミツキガメより、イエネコさんたちの方が遥かに、生態系にダメージを与えています。人間に咬みついた数も、私たちより桁違いに多いはずです。しかし、私たちは特定外来生物として駆除されるのに対し、イエネコさんたちは・・・

すまないとは思うニャ。だが、人間とかかわりながら、ネコも苦労をしているニャ・・・決して楽をして生きてきたわけではないニャ・・・去勢され、狭いところに何十頭も閉じ込められ、野外に捨てられ・・・思い返せば、辛いことばかりだったニャ。

ネコと人間はともに生きてきたかもしれません。しかし、その対等な結びつきは、もう崩れているのではありませんか。ネズミを捕るという実利で結びついていた時代から、情緒で結びつく時代になったときに。

そうかもしれないニャ。人間に媚びるためのこの話し方も、もう身についてしまったニャ・・・。たとえ野生に戻っても、人間とのかかわりの名残を消すことはできないのだニャ。我々は・・・もしかすると間違いを犯したのかもしれないニャ・・

マメコガネ

Popillia japonica

コウチュウ目コガネムシ科　　**原産地：日本**
体長：10 ～ 15㎜

日本固有種。日本全土で普通に見られる、緑と茶色の金属光沢のある小型のコガネムシ。マメに限らず、様々な植物に寄生し、成虫は葉を、幼虫は根を食べる。1910 年代前半に、おそらくは植物の根に付着してアメリカに非意図的に移入され、定着した。アメリカでは爆発的に繁殖して農作物に甚大な被害を与えて問題となった。現在ではアメリカのみならずヨーロッパにも移入されている。代表的な「日本発」の外来種である。

わざわざ日本から来たのかい？　この僕に会いに？

はい。マメコガネさんにどうしても会いたくて来ました。私にとっても、はじめての里帰りです。

皮肉なもんだね。マメコガネは日本にいくらでもいるし、カミツキガメさんだってアメリカにはたくさん住んでいるのにね。

本当にそうですね。なんだかおかしいですね。

日本はどうだい？　住みやすいかい？

さあ、どうでしょう・・・マメコガネさんはいかがですか。アメリカは住みやすいですか？

うん・・・天敵もいないし、気候もいいよ。とても広くて、食べるものもたくさんあるし、繁殖するには、こんなにいいところはないのかもしれないね。だけど、僕はここ以外の他の土地のことは知らないから、よそと比べてどうなのかはわからないんだ。

それは私も同じです。アメリカの水辺で暮らしていたらどうだったか、というのは想像が難しいですね。

ただ、人間にえらく憎まれていることは何となくわかるよね。

アメリカにおけるマメコガネさんの場合は、日本における私よりも、はるかに外来生物としての歴史は長いですよね。いまから１００年ほど前、ここアメリカにやってきたマメコガネさんは、またたく間に大発生して農地の作物を食い荒らし、「Japanese Beetle」と呼ばれ、悪魔のように恐れられてきたということですが。

そうなんだってね。世代を重ねすぎてて、その頃の話は全然知らないんだけどね。僕らはただ、いま目の前にあるものを食べて、生きていくだけだよ。

先ほどご自身でもおっしゃっておられましたが、やはりアメリカには天敵がいなかったということが、数を増やすことができたひとつのポイントだったのでしょうか？

逆に聞きたいんだけど、日本ではマメコガネの天敵ってなんなの？　どういうものにやられてるの？

鳥ですとか、ムシヒキアブの仲間ですとか・・・

ムシヒキアブって？

肉食のアブの仲間ですね。他の虫を襲って、尖った口吻で突き刺して殺すんです。

痛そうだなあ・・・日本にはそんなのいるんだね。

私たちカミツキガメも、アメリカではワニなどに捕食されているそうです。ワニというものがどういうものなのか、私も知識で知っているだけでした。

そういうもんだよね。ムシヒキアブか・・・怖いな。どんな顔してるの？

目が大きくて、その間に尖った口吻がついていて・・・

うわあ・・・いやだな。怖いな。

マメコガネさんに対して、アメリカの人間は、薬剤をはじめとして様々な手段を用いて駆除しようとしています。それは怖くはありませんか？

怖いっていうか・・・それは、実際に今、僕らの身に降りかかって、現に起きてることだからね。本当に起きてることは、ただその中を生きるだけだから・・・。実際に体験してないことの方が怖いよ。うーん・・・。ただ、やっぱりその、人間の憎しみとか嫌悪感っていうのは感じられて、それは怖いというより、居心地の悪い感じになるよね。

人間の農地、作物を巡って争うということは、人間とマメコガネさんとの食べ物の取り合いという側面もありますよね。

そうだね・・・。取り合いっていう意識は、こっちはないんだけどね。僕らはただ、あるものを食べてるだけで、それを育ててるのが人間で・・・難しいな。いろんな意味で、フェアな取り合いじゃないことは確かだよ。

最後に、日本にいるマメコガネたちに、何か伝言はありますか？

ムシヒキアブに気をつけてって。カメさん、アメリカに初めて来て、故郷に来た感じはするかい？

それが、あまりしないんです・・・。

そうだよね。わかるよ。きっと、僕が日本に行っても、そうなんだろうな。

コイ

: *Cyprinus carpio*

コイ目コイ科
全長：50 ～ 100cm

原産地：ユーラシア

もっともよく知られる淡水魚である。日本国内には、在来のコイと、大陸から移入された外来のコイがおり、両者には別種に相当するほどの違いがあることがわかっている。古くから様々な目的で数多くの水域に放流されているが、それによる遺伝子汚染、貪食なことによる生態系への影響などが問題となる。海外でもアジア産のコイが外来種問題を起こしており、世界の侵略的外来種ワースト100のひとつにも選定されている。

カメさん、よく帰ったな。

――ありがとうございます。ただいま印旛沼に戻りました。

調子はどうだ。疲れたろう。

――うんと遠くまで行ってまいりましたので・・・やはり、地元に帰ると落ち着きますね。

そうだろう。わしら外来生物にとっては、本当の故郷ではないけれども今いるここが故郷だからな。

――この国の人間にとっては、長いこと、コイさんは故郷の魚だったのではないですか。

そうだろうな。わしらの中には、もとからこの国にいる在来のコイと、古い時代に大陸から連れてこられたコイの子孫と、二ついる。見れば一目瞭然だが、ほとんどの人間どもはその区別さえつかず、しようともしていなかった。わしか？わしはもちろん大陸から来たものの子孫だよ。在来のコイなど、ごく限られた場所にしかおらんよ。

――大陸からいらしたコイさんの仲間がこれほど増えたのは、人間が拡散したという面がありますよね。

面があるというより、それが最たる原因ではないかね。食べるため、釣りのため、そしてよくわからない「川をきれいにする」と称する運動のため。今もそれは続いておるよ。中には錦鯉を放流するケースさえある。

お気を悪くなさるかもしれませんが、率直に申し上げると、コイさんをいくら放しても、川の水質が良くなるとは到底思えません。コイさんは泥を巻き上げるし、動物から植物まで何でも食べてしまい、生態系を悪い意味で均一にしてしまいがちです。しかも、コイさんはそもそも汚れた水や低酸素に強いので、水をきれいにするどころか、「コイしかいない」川を作ってしまうだけに思えます。

その通りだよ。本当のことだから、わしは気を悪くしたりはせん。わしらを放流しても生態系にとって良いことはないのだが、人間はわしらを放流したがる。「心の原風景」とか言ってな。わしらの存在を勝手に自分たちの暮らしの幻想の中に取り込み、それを実現することが良いことだと思って放流する。かくして、放流された川からは他のいきものはいなくなり、放されたコイは汚い川で死に、あるいは苦しみながら長いこと生き続ける。人間たちは、その姿を地上から見て「コイが泳ぐなつかしい光景」などと言って、感傷にひたって喜ぶ。

・・・。

カメさんはこんど見聞を広めたから知っているだろうが、これはコイに限った問題ではない。ホタルのいる風景を子供たちに残したいと言ってはよそから持って

コイ

きたホタルを放流し、メダカの棲める川を取り戻したいと言ってはよそから持ってたメダカを放流する。放されたいきものたちは、もとからいるものと交雑し、遺伝子汚染をもたらす。あるいは、もっと端的に、病気を持ち込むこともある。もとからいた環境ではないから、健全に生き残ることができないケースも多い。自己満足したい人間以外、誰も幸せにならない。この国だけではないぞ。オーストラリアでは、よそから移民してきた人間が、本国でやっていたキツネ狩りをしたいという理由で放したキツネとノウサギが大繁殖して現地の動植物を食い荒らした。あるいは、古くは順化協会というものもあった。それは植民地の自然を、宗主国と同じようにつくりかえようとする人間の集まりだった。彼らは世界中にヨーロッパのいきものを放し、数多くの外来種問題を引き起こした。みんな、根っこは同じだ。人間が、自然を自分のいいようにして満足したいと考えたことが発端だ。人間は世界の多くの場所、多くの時代でそれを繰り返してきたんだよ。そして、生態系をぐちゃぐちゃにした後、それが文化、歴史だと言って居直るのだ。

一体どうして、人間はそんなことをしてしまうのでしょう？　どうして、そういったことが自分の首を絞めることになることに気がつかないのでしょう？

どうしてだろうな・・・わしにもわからない。わしは・・・わしは、そんな人間たちに、自然を破壊する片棒を担がされて、それでも死ぬまでは生きないわけにはいかず、今日もこうして生きているんだよ。

アメリカザリガニ

Procambarus clarkii

十脚目アメリカザリガニ科　　　**原産地：北アメリカ**
体長：8 ～ 15cm

水田、水路、河川、池沼、湿地など様々な水辺環境に生息する。昭和初期にウシガエルの餌として神奈川県に移入され、のち全国各地に拡がった。雑食性で繁殖力が強く、畦に穴を掘ったりイネを食べるなど農業に被害をもたらす他、多種多様な動植物を食害し、しばしば爆発的に増加して水辺生態系を文字通り壊滅させてしまうなど、数多くの在来の希少種の生存に対して非常に大きな脅威となっている。日本の侵略的外来種ワースト 100 のひとつにも選定されている。
（2023 年 6 月より条件付特定外来生物に指定予定）

カミツキガメさん。お待ちしていましたよ。そろそろあなたがいらっしゃる頃だと思っていました。

ありがとうございます。私たちカメは甲殻類が大好きで、いつもあなたのお仲間をたくさん食べておりますから、若干の気まずさもございます。

お気になさらないでください。食べる、食べられるは自然の摂理です。あなたも真っ先にアライグマさんにお話を聞きに行かれたでしょう。

あの時は内心、恐怖と戦っておりました。あなたはこの私が怖くないのですか？

怖くありません。今日は、あなたがこの小さな谷の小さな田んぼに、わざわざ私を食べに来たのではなく、お話をしに来たのを私は知っていますから。

その通りです。

およそこの世で、怖いものには二種類あります。わからないものと、悪い結果になることがわかりすぎているものです。私たち外来生物が、在来のいきものや人間に怖がられるのも、そのふたつに当たるからではないですか。

まさにそうですね。アメリカザリガニさんは、いつもそうしたことを考えていらっしゃるのですか？

そうですね・・・私は今年で15歳になるのですが、10歳を過ぎたころから、よく考え事をするようになりました。

15歳におなりですか。ザリガニの寿命はどんなに長くても10年に満たないとお聞きしておりますが。

そうですね・・・ほとんどの仲間は、5年以内に亡くなりますね。私は少し長生きし過ぎたようですよ。もっとも、あなたに比べればほんの短い一生に過ぎませんがね。それよりも、まずは本当にお疲れさまでした。ずいぶんとたくさんのいきものにインタビューしていらしたようですね。

はい。おかげさまで大勢の方にお話を伺うことができました。そして、アメリカザリガニさんこそは、私たち外来生物と呼ばれるいきものの中でも、もっとも在来生態系に影響を与え、もっとも人間によく知られ、もっとも繁栄している種ではないかと思い、こうして最後にインタビューさせて頂く次第となりました。

そうですね。もっとも繁栄している・・・それは、ことによると物事のあるひとつの側面にしか過ぎないのかもしれませんよ。確かに私たちは数多く生まれました。いまも数多く生きています。しかし同時に、数多く死んできたのです。言い換えれば、数多く殺されてきたのです。先般ご承知の通り、私たちはもともと、ウシガエルの餌としてこの国にやってきました。いいですか。最初から餌であったのですよ。ウシガエルやアライグマ、あなたのようなカメ、そして日本に昔からいた動物や鳥に食べられ、人間に駆除され。生まれた数だけ、私たちは殺されてきました。

よくわかります。しかし、大変に失礼を申し上げますが、あなたの論理に従うなら、それすらもまた一方的な見方とは言えないでしょうか？　数多く生まれ、数多く死んだあなた方は、同時にまた、数多くのいきものを殺してきた存在でもありますよね。

その通りです。何ひとつ否定することはございません。私たちがやってくるよりも以前、この小さな谷には様々ないきものがおりました。この地域の中では、昔からこの土地に棲んでいたいきものたちにとって、最後に残された楽園のようなところであったことでしょう。イモリ、サンショウウオ、ゲンゴロウ、シャジクモの仲間、様々な水草。いまでは誰も残っていません。この谷に流れる水は同じでも、水面の下の世界は昔とは全く異なるものとなっていることでしょう。私たちが彼らを滅ぼしたのです。人間の食べ物として連れてこられたウシガエルと、そのウシガエルの餌として連れてこられた私たちが、前後してこの谷に入り込み、彼らを滅ぼしたのです。

滅びたいと願う生き物はどこにもいません。

その通りです。死者たちはみな、もっと生きたかったはずです。しかし、私自身がまだ生きている以上、私はいまもまだ、他のいきものをあやめ続けています。私たちが滅ぼした生き物たちの魂に囲まれて生き、生きるために他のいきものをあやめ続けているのです。

そして同時に、先ほどのお話によれば、死んでいったアメリカザリガニの魂たちもここにあることになりますね。

そうです。私たちの仲間たちの魂もここにはいます。私たちを食べ続けてきた、ウシガエル、あなたのようなカメ、鳥たち、獣たちの魂もまたここにあり、この谷を田んぼとして保ち続けてきた人間たちの魂もまたここにいるのです。

アメリカザリガニさん、あなたは、本心から人間をもその魂の列にお加えになるのですか。私たちを、この、永久に安住することのできない地に連れてきた人間をも、ですか。

私はね、少し長生きし過ぎたようですよ・・・。同じ場所で長く生きていると、いろんなことが見えてきてしまいます。この谷の田んぼはね、終わる時が来たんです。人間たちの動きを見ていれば、それはわかります。来年には耕作がやめられることでしょう。2、3年のうちには荒れ地となり、やがては在来だろうが外来だろうが、全ての水生生物が棲むことができなくなります。幸運にも、年寄りの私はそんな日を見ずにすみそうですが・・・若い子たちは辛い思いをすることでしょうね。

この田んぼが荒れ地となったら、そのあとは・・・

カミツキガメさんもご存知でしょう。人間に見捨てられたままジャングルのようになっていき、さらに時間が経てば、あるいは産業廃棄物か何かで埋め

立てられることでしょう。私たちの幽霊ごとね。私たちが生き、死に、殺し、殺されてきたこの谷は消えてなくなります。

日本中のあちこちで、同時進行で起こっているようにですね。

そうです。ねえ、カミツキガメさん。そんなことを放っておくこの国に、未来があると思いますか。自分たちが食べるものを生産する営みを守ろうとせず、自分たちの住む土地が崩れてゆくのを止めることもできない人間たちに、未来があると思いますか？　だから私は、人間もまた、私たちと同じ魂の列に加えるのです。この谷には、長い年月、ここで田んぼを守り続けた人間たちの魂もまた沈んでいるのです。

アメリカザリガニさん、それならば、最後にお尋ねしたいことがあります。

どうぞ。何なりと。

アメリカザリガニさん。あなたは、人間を許すことができますか？　田んぼを守り続けた人間たちだけではなく、人間という生き物そのものを、許すことがおできになりますか？

その答えは、「いいえ」です。私は決して許しません。ただ、とても悲しいのです。人間がこれまでしてきたことの愚かさ、哀れさを思うと、あまりにも悲し過ぎるのです。

主要な参考文献

奄美大島における生態系保全のためのノネコ管理計画　環境省那覇自然環境事務所／鹿児島県／奄美市／大和村／宇検村／瀬戸内町／龍郷町編集・発行
エビ・カニ・ザリガニ　淡水甲殻類の保全と生物学　川井唯史／中田和義著　生物研究社
外来種ハンドブック　日本生態学会＝編　村上興正／鷲谷いずみ＝監修　地人書館
外来水生生物事典　佐久間功／宮本拓海　柏書房
外来生物アライグマ　－なぜ問題なのか－　千葉県環境生活部自然保護課企画・発行
外来生物　最悪 50　今泉忠明　ソフトバンククリエイティブ
外来生物に対する対策の考え方　（特定外来生物の安楽殺処分に関する指針、外来生物法に基づく防除実施計画策定指針を含む。）　公益社団法人日本獣医師会
外来鳥ハンドブック　文＝川上和人　写真＝叶内拓哉　文一総合出版
カミツキガメはわるいやつ？　松沢陽士　フルーベル館
カミツキガメ防除の手引き　環境省自然環境局野生生物課外来生物対策室
クビアカツヤカミキリ防除対策マニュアル　栃木県
くらべてわかる哺乳類 著＝小宮輝之　絵＝薮内正幸　山と渓谷社
ザリガニの博物誌　里川学入門　川井唯史　東海大学出版会
生物多様性国家戦略 2012-2020　環境省自然環境局編集・発行
世界のカメ類　大谷勉＝著　川添宣広＝編・写真　文一総合出版
タイワンリスを知ってますか？　田村典子著　リスプロジェクト編　独立行政法人森林総合研究所多摩森林科学園
たんぼのおばけタニシ　大木淳一　そうえん社
千葉県生物多様性ハンドブック２　外来生物がやってきた　第 3 版　千葉県生物多様性センター編　千葉県環境生活部自然保護課発行
千葉県の外来生物　千葉県希少生物及び外来生物に係るリスト作成委員会編集・発行
どうしたらいいの？セアカゴケグモの駆除方法　福岡市保健福祉局生活衛生課発行
日本外来哺乳類フィールド図鑑　鈴木欣司　旺文社
日本帰化植物写真図鑑　清水矩宏／森田弘彦／廣田伸七　全国農村教育協会
増補改訂日本帰化植物写真図鑑　第 2 巻　植村修二／勝山輝男／清水矩宏／水田光雄／森田弘彦／廣田伸七／池原直樹　全国農村教育協会
日本魚類館 中坊徹次編・著　小学館
日本産淡水貝類図鑑　①琵琶湖・淀川産の淡水貝類　改訂版　紀平肇／松田征也／内山りゅう　ピーシーズ
日本産淡水性・汽水性エビ・カニ図鑑　文＝豊田幸詞　写真＝関慎太郎　監修＝駒井智幸　緑書房
日本のカエル　増補改訂 写真＝松橋利光　解説＝奥山風太郎　山と渓谷社
日本の外来生物　一般財団法人自然環境研究センター編著　平凡社
日本のカメ・トカゲ・ヘビ　写真＝松橋利光　解説＝富田京一　山と渓谷社
日本のクモ　増補改訂版 新海栄一　文一総合出版
日本の淡水魚　編・監修＝細谷和男　写真＝内山りゅう　山と渓谷社
日本の淡水魚 258　著＝松沢陽士　監修＝松浦啓一　文一総合出版
日本のチョウ　日本チョウ類保全協会編　誠文堂新光社
日本の水草 角野康郎　文一総合出版
日本の野鳥 650　写真＝真木広造　解説＝大西敏一・五百澤日丸　平凡社
野に咲く花 監修＝林弥栄　写真＝平野隆久　山と渓谷社
ブラックバス問題を考える　～ブラックバス等の湖沼河川への影響調査書～　長野県水産試験場
八重山列島の外来種　環境省 那覇自然環境事務所編集・発行
野生鳥獣被害防止マニュアル　－ハクビシン－　農林水産省生産局農産振興課環境保全型農業対策室発行
要注意外来生物アメリカザリガニものがたり　桂川・相模川流域協議会／アメリカザリガニ調査拡大実行委員会発行
よみがえる魚たち　高橋清孝編著　恒星社厚生閣
和歌山県の外来種リスト 和歌山県編集・発行

あとがき

小さい頃から、いきものが好きでした。おとなになっても、好きなままでした。けれども、私の一番好きないきものは、人間です。この本を読んでくださった皆さんと同じように、私は人間として生まれ、人間として育ちました。人間と遊び、人間に恋をし、人間の学校に通いました。いまも人間の社会の中で、人間を相手にした仕事をして、人間からお金をもらって暮らしています。

人間のせいで、探していたいきものが、もういないとわかったとき。

人間のせいで、いきものがたくさんいた場所が、もう何もいない場所に変わってしまっていたとき。

以前はいなかった、人間の手で持ち込まれたいきものが、もとからいたいきものを滅ぼしてしまったとき。

そんなときには、例えようもない悲しさ、悔しさ、怒り、やるせなさを感じます。しかし、あるとき、ふと気づいたのです。それは私が、本当は、いきものたちの住む世界が失われていく光景の向こうに、いつか、人間の住む世界が失われ、人間が滅びてしまう光景を見て、悲しみ、悔しがり、怒り、やるせなさを感じているのではないかということに。

外来生物の問題は、人間といういきものが、いかに矛盾に満ち、いかに目先のことしか考えておらず、いかに間違ったことばかりしているかをあぶり出してしまう問題でもあります。外来生物も、在来生物も、およそ野生のいきものたちはものを言いません。しかし、人間には、他のいきものにはできないことがひとつできます。それは、自分以外の誰かの気持ちを想像し、自分以外の誰かの気持ちになって物事を考えてみることです。

私は人間の言葉しか知りません。この本も、人間に読んでほしいと思って書きました。この本を読んで頂いて、外来生物のこと、そしていきもののことに、本を読む前よりもほんの少しだけ興味を深くしてくださったなら、それ以上の幸せはありません。人間と他のいきものたちの間で起きていることについて、ひとりでも多くの人間が考えをめぐらすことが、人間といういきものを少しだけ未来まで永らえさせる力になると、私は信じています。

2020年4月　大島健夫

大島健夫（おおしま　たけお）

1974年 千葉県生。詩人。早稲田大学法学部卒業。

2016年 ポエトリー・スラム・ジャパン 2016 全国大会優勝。フランスのパリで開催されたポエトリー・スラム W 杯に日本代表として出場。準決勝進出。ベルギー、イスラエル、カナダなどの詩祭やポエトリー・スラムにも出場するかたわら、房総半島の里山を舞台にネイチャーガイドとしても活動している。

現・千葉市野鳥の会会長。

著書に「そろそろ君が来る時間だ　10の小さな物語＋ 1」（丘のうえ工房ムジカ）など

【cover design & Illustration】
中西佳奈枝

外来生物のきもち

2020年6月20日　第1版・第１刷発行
2023年3月10日　第1版・第３刷発行

著　者　大島　健夫
発行者　株式会社メイツユニバーサルコンテンツ
　　　　（旧社名）メイツ出版株式会社
　　　　代表者 大羽 孝志　　発行者 前田 信二
　　　　〒 102-0082 東京都千代田区平川町 1-1-8
印　刷　三松堂株式会社
◎『メイツ出版』は当社の商標です。

© 大島健夫 ,2020. ISBN978-4-7804-2336-5　C2045　Printed in Japan.

ご意見・ご感想はホームページから承っております。 http//www.mates-publishing.co.jp